非线性系统的在线逼近控制研究

李晓强　著

国防工业出版社

·北京·

内 容 简 介

本书针对非线性系统的控制问题进行了阐述。主要内容包括：输入输出型不确定非线性系统的控制器设计，控制方向未知的输入输出型不确定非线性系统的自适应控制、输入输出型非仿射系统的自适应控制、不确定 pure-feedback 系统的动态面控制、非仿射时滞 pure-feedback 系统的自适应控制等，重点讲述了在线逼近器的构造方法及其在控制系统的应用，并进行仿真验证。

本书适合从事人工神经网络、模糊控制等专业相关科研人员阅读。

图书在版编目（CIP）数据

非线性系统的在线逼近控制研究 / 李晓强著. —北京：国防工业出版社，2021.3

ISBN 978-7-118-12219-0

Ⅰ. ①非… Ⅱ. ①李… Ⅲ. ①非线性控制系统－研究 Ⅳ. ①O231.2

中国版本图书馆 CIP 数据核字（2021）第 039895 号

※

国防工业出版社出版发行

（北京市海淀区紫竹院南路 23 号 邮政编码 100048）

北京虎彩文化传播有限公司印刷

新华书店经售

*

开本 710×1000 1/16 **印张** 6¾ **字数** 116 千字

2021 年 3 月第 1 版第 1 次印刷 **印数** 1—600 册 **定价** 135.00 元

国防书店：（010）88540777 书店传真：（010）88540776

发行业务：（010）88540717 发行传真：（010）88540762

前　言

现如今，自动控制技术发展如火如荼，其应用范围相当广泛。该理论的发展大致经历了两个阶段，即经典控制理论和现代控制理论。经典控制理论主要以传递函数为基础，以单输入单输出线性定常系统为主要研究对象。然而，世界是非线性的，并包含大量未知性或不确定性。建立在状态空间理论基础上的现代控制理论的发展，为解决包含不确定性系统的控制问题提供了便利。在此基础上，针对两类包含不确定性的系统进行了研究。

全书共分为6章。第1章为绪论，首先介绍在线逼近思想的提出；然后对所研究的两类系统进行了介绍，并讨论了包含不确定性或未知非线性项系统控制问题研究中经常见到的一些问题等。第2～4章对一类包含未知非线性项系统各种情况的控制问题进行了研究。包括仿射型系统和非仿射型系统、控制方向已知和未知的系统等。第5、6章讨论的控制系统为下三角系统，主要控制方法为后推（Backstepping）技术。

由于作者水平有限，缺点与疏漏在所难免，欢迎广大读者批评指正。

作　者

2020年8月

目　录

第1章 绪　　论

1.1 不确定系统及其时滞系统控制问题的提出和研究意义

自动控制理论的思想如今已经涵盖了社会生活的各个方面，如工程、经济、政治、管理等。在工程领域，自动控制理论的应用是最为普遍的。该理论在过去的发展主要经历了两个阶段，即经典控制理论阶段以及现代控制理论阶段。经典控制理论主要以传递函数为基础，以单输入单输出线性定常系统为主要研究对象。20 世纪 60 年代初期，自动控制理论跨入了一个新阶段——现代控制理论。现代控制理论是建立在状态空间理论基础上的。由于采用状态空间法，现代控制理论所研究的对象既可以是单输入单输出的系统，也可以是多输入多输出的具有强耦合的系统以及非线性或时变系统。随着科学技术的提高，生产与生活对控制论的发展提出了更高的要求，控制理论正在向着更高的方向发展。智能控制理论是现代控制理论的一部分，其主要的研究方法依然是基于状态空间理论的，所研究的系统是具有高度不确定性、时变性、难以建模等更为复杂的系统。智能控制理论是人工智能和自动控制交叉的产物，是当今自动控制科学的出路之一。

经典控制理论所研究的系统往往是忽略实际被控对象或过程中的非线性而建立的不完整模型，与实际需要控制的对象或过程之间存在很大的差异。这种建立模型的方法以及对这样建立模型进行控制的研究阶段是控制理论发展的一个阶段，经过简化的模型往往只包含被控对象或过程的线性部分或者是简化了的线性部分，这样建立的模型容易分析这样建立的模型容易分析，控制设计方法较为简单。更重要的是，在当时的情况下，基于经典控制理论给出的控制方法在实际被控对象或过程应用中可以满足社会生产生活的需求。随着社会生产和生活的发展，人们对被控对象或过程的表现要求越来越高。从控制模型上来说，曾经讨论的简化后的线性系统也好，还是之后出现的具有严重非线性特性、耦合性或不确定性复杂事物，经典控制理论不能满足相应的控制需求，主要表现在以下几个方面。

（1）有些系统的控制问题虽然仍可以用经典控制理论研究，但控制精度不够。经典控制理论虽然仍可以应用于某些实际被控对象，但是人类对这些被控对象所表现的精度、可靠度以及安全性等方面的要求越来越高。对系统进行分析研究的时候，若仍旧忽略其非线性特性来研究，那么这些被控对象的表现可能满足不了生产与生活的需求。因此，不管是以往建立模型的方法，还是对这些系统模型进行控制研究的方法都不再可用。例如，随着科技发展所出现的无人驾驶飞机、运载火箭、高速列车、生产线上的机械手等这些高性能设施所要求的精度、可靠度以及安全性都是非常高的。如果这些设施的精度和可靠度若不能满足相应的要求，就可能会导致系统故障，从而引发灾难性事故，给人类带来损失。

（2）有些系统的控制问题根本不能用经典控制理论研究。经典控制理论不再适用于一些以强耦合、非线性和不确定性为主要特征的系统。早期研究的被控系统或过程，往往是以系统的线性性为主要特性的。随着科技的发展，尤其是空间技术、导弹制导、数控技术、核能等技术的发展，需要加以控制的对象和过程变得越来越复杂，这些复杂的系统表现出来的特性往往具有很强的耦合现象、非线性或不确定性等特性。对于这些系统，原有理论不能对其进行有效研究，或者说依据原有理论设计的控制器不能对这些系统进行有效控制，因此需要新的理论与方法为这些系统的控制问题提供新的研究途径。

（3）经典控制理论对包含不确定性的被控对象或过程的控制问题无能为力。被控对象或过程的不确定性主要来自以下两个方面。

① 系统自身存在的不确定性问题。科学技术的提高使得需要控制的对象和过程越来越复杂，在对这些对象和过程进行研究时首先要进行建模，由于这些被控对象或过程机理过于复杂，本身具有随机性、时变性等特性，所研究系统模型中，存在未知非线性项、未建模动态或者存在不确定的参数，即建立的模型中存在不确定性。

② 系统之外的不确定性问题。外界环境的改变导致受控系统的参数以及动态特性等的改变。例如，电子元件的参数可能会随着周围环境，包括温度、湿度等因素发生变化而变化；轮船在不同海域遇到不同的风浪流等外界环境影响而导致轮船动力学系统发生变化；飞行器随着飞行高度、飞行时间的增加，自身的参数以及动力学系统也会发生变化，这些参数或动力学系统发生的变化使得系统在运行过程中包含不确定项。

（4）经典控制理论无法对存在时滞等特性的不确定非线性系统进行研究，尤其是包含大时滞、时变时滞的系统。时滞现象是在控制领域中普遍存在的一种现象，网络通信、飞行器、循环反应装置、循环储存罐、轧钢机等被控对象或过程中都存在时滞。从机理上来说，时滞可分为两种：一种是系统固有时滞，如轧钢机系统中存在的时滞，对轧钢机输出进行测量并将其反馈给控制输入端，由于输出不能及时量测，所以送往输入端的量测量为滞后的量；另一种是由实际系统装置（如信号传输等）引起的时滞，如网络控制中的时滞问题。理论研究和实践经验表明，时滞的存在可能导致被控对象或过程的精度、可靠度及安全性能下降，使系统调节的时间加长，甚至导致系统不稳定，从而无法对系统进行有效的控制。因此，时滞系统的控制问题，特别是包含大时滞、时变时滞系统的控制问题，尤其是包含不确定时滞系统的控制问题，是控制领域中一个具有挑战性且值得研究的课题。根据时滞发生的位置不同，可以分为状态时滞和输入时滞。本书主要研究状态变量存在时滞时的控制问题。

对于存在不确定因素的情况，可以根据已有知识建立包含未知参数或未知项的系统模型，进而对这些包含不确定因素的系统进行研究分析，如很多文献对船舶航向控制系统模型、柔性机器臂的动态模型、化学反应模型、飞行器模型等包含不确定因素的系统模型的控制问题进行了研究。

由于不确定非线性系统及其时滞系统在实际生产和生活中大量存在，它们的存在极大地影响了系统表现的精度、可靠度以及安全性能等，所以不确定非线性系统及其时滞系统的控制研究在理论方面以及实际应用方面都具有非常重要的意义。

1.2 不确定系统的分类与相关控制设计方法与发展

根据所研究系统中包含不确定项的不确定程度，可以将不确定系统分为两类：一类是包含未知参数的系统；另一类是包含未知非线性项的系统。

对于包含未知参数系统的控制问题，非线性自适应控制已经发展出很多方法，对相当大的一类非线性系统可以实现全局稳定和跟踪控制。尤其是 20 世纪 90 年代，现代微分几何理论的发展和一些新技术的开发如后推设计技术、调整函数法（Turning functions）和非线性阻尼法（Nonlinear damping），使得非线性系统控制研究有了进一步的发展；对于包含未知非线性项的系统，研究者们往往采用智能控制方法进行控制器设计，这些方法将包含的未知非线性项的系统转化为包含未知参数的系统，并根据自适应控制设计方法来进行控制器设计。也就是说，自适应控制设计方法是不确定非线性系统的控制设计的基本方法。

比较常见的自适应控制设计方法有两种：一种是模型参考自适应控制；另一种是自校正调节器。为了满足飞行控制的需要，美国麻省理工学院的 Whitaker 教授于 20 世纪 50 年代末首先提出了模型参考自适应控制方法。但由于当时的计算机技术和控制理论发展的水平较低，该类自适应系统的稳定性分析问题没有得到解决，该种控制方案的应用及发展受到了一定限制。自校正调节器设计方法首先由瑞典学者 Astrom 和 Wittenmark 于 1973 年提出，该方法主要是通过在线调整系统参数，进而使得系统可以适应环境的变化。随着计算机技术的发展和控制理论水平的提高，自适应控制理论逐渐成熟并应用于各个领域中，如航天、航海、电力、化工、钢铁冶金、热力、机械、通信、电子、原子能、机器人和生物工程等。

对于包含未知非线性项的系统，常规自适应控制设计方法是不能处理的。在过去的十多年里，有大量的研究工作致力于解决这类问题并且针对不同形式的各类系统提出了各种不同的控制方法。20 世纪八九十年代以来，随着计算机科学的发展以及人类对自然界认识的进一步加深，人工神经网络理论、模糊集理论等软计算方法相继提出并逐步走向成熟，研究者们将其与自适应控制理论相结合，应用于包含未知非线性项的非线性系统的控制问题，形成了基于人工神经网络技术的自适应控制方法、基于模糊集理论的自适应控制方法等。由于小波级数同人工神经网络以及模糊集理论一样，具有逼近功能。因此，小波理论在包含未知非线性项系统的控制设计中也有应用。本书主要研究包含未知非线性项系统的控制问题，在控制器设计过程中，需要用逼近器对未知非线性项进行在线逼近，所以下面介绍有关人工神经网络、模糊集理论以及小波级数等具有逼近能力的智能控制理论的相关知识。

1.3 智能控制理论及其相关知识的发展

由于人工神经网络、模糊集理论和小波级数具有逼近功能，所以它们经常应用于不确定系统的控制问题研究中。下面介绍这几种理论的发展过程及其在控制理论中的应用。

1.3.1 人工神经网络

人工神经网络（简称神经网络）是人类根据生物神经网络而构造的，是人类通过仿生学方法取得的成就。1943 年，MeCulloeh 和 Pittes 提出了具有代表性的简单神经元的数学模型，由此拉开了神经网络发展的序幕。20 世纪 60 年代末期，麻省理工学院的 Minsky 和 Papert 对神经网络从数学的角度做了深入研究，指出了神经网络的局限性，导致神经网络的研究经历了一段发展的低潮期。随着 Hopfield 网络的提出和能量函数引入神经网络研究，神经网络的研究再次火热至今。在神经网络的发展过程中，各国学者提出了各种各样的神经网络模型，如反向传播（Back Propagation，BP）神经网络、径向基函数（Radial

Basis Function，RBF）神经网络、Hopfield 神经网络、小脑模型等，大约有几十种。与此同时，人工神经网络理论的应用研究也得以广泛开展，其应用范围包括智能控制、模式识别、声纳信号的处理计算、知识处理、非线性优化、自动目标识别、传感技术与机器人、机器视觉、自适应滤波和信号处理、连续语音识别等方面。

早在 20 世纪五六十年代，人工神经网络就已经应用于控制领域的研究，与以往的技术相比，人工神经网络在控制领域的应用具有许多优点：人工神经网络是非线性的，所以可以用它来对满足某些条件的非线性系统进行逼近；人工神经网络是根据生物神经网络构造的，一般的生物神经网络具有学习和适应环境的能力，根据生物神经网络构造的人工神经网络同样具有学习和适应环境的能力；生物神经网络具有强大的并行处理功能，人工神经网络也具有该能力。另外，人工神经网络还具有鲁棒性，也就是说，网络中部分神经受到损伤后，人工神经网络的整体功能不受影响。由于具有这些优点，人工神经网络在控制领域中的应用受到了广泛的关注。Narendra、Hunt、Lewis 和 Sanner 等在人工神经网络控制领域做出了开创性的工作。在包含未知非线性项系统的控制研究中，经常用到的人工神经网络有两种：一种是 RBF 人工神经网络；另一种是多层人工神经网络（Multi-layer Neural Network）。本书主要用到的是 RBF 人工神经网络，所以下面主要介绍 RBF 人工神经网络。

1985 年，Powell 首先提出多变量插值的 RBF 方法。在生物神经系统中，可以观察到神经元具有局部调整响应的现象，当输入信号在一定的范围内时，神经元对该信号有反应，而对处于该范围以外的信号反应却并不明显，生物的这种响应特性可以用 RBF 来描述。Broomhead 和 Lowe 将 RBF 用于人工神经网络设计中，首次提出了 RBF 人工神经网络。1992 年，R.M.Sanner 和 J.E.Slotine 对基函数为高斯函数的 RBF 人工神经网络在不确定非线性系统控制问题中的应用进行了研究，给出了 RBF 人工神经网络在不确定非线性系统控制应用中的具体方法。随后 RBF 人工神经网络被国内外学者广泛应用于各种包含未知非线性项系统的控制研究中，如连续不确定系统以及离散不确定系统。

就其结构来看，RBF 人工神经网络（图 1.1）也是一种多层前馈人工神经网络，与大多数多层前馈人工神经网络相似，由输入层和单一隐含层以及输出层 3 个层次组成。输入层节点将输入信号传递到隐含层，进行非线性运算，非线性运算函数就是 RBF，即人工神经网络的激活函数，隐含层输出的信号经过线性加权运算传输到输出层，这里的权向量为该人工神经网络的可调参数，隐含层节点的个数需要通过所要描述的对象确定，输出层输出信号，人工神经网络完成了一个运算过程。

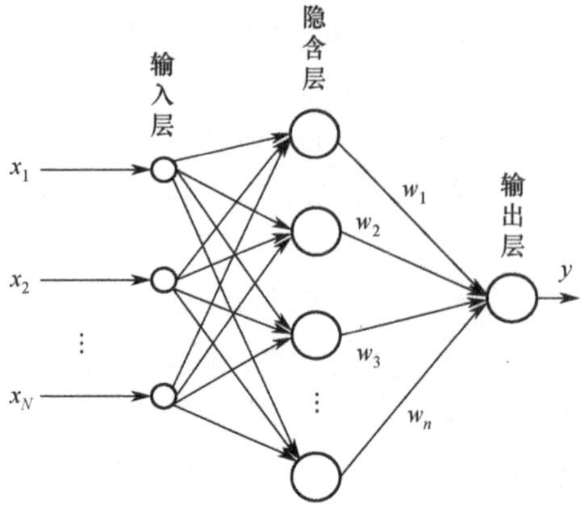

图 1.1 RBF 人工神经网络

RBF 人工神经网络的表示形式为：$\boldsymbol{\theta}^{\mathrm{T}}\boldsymbol{\xi}(\boldsymbol{x})$，其中，$\boldsymbol{\xi}(\boldsymbol{x})=[\xi_1(\boldsymbol{x}),\xi_2(\boldsymbol{x}),\cdots,\xi_N]^{\mathrm{T}}$ 表示 RBF 人工神经网络基函数，$\boldsymbol{\theta}=[\theta_1,\theta_2,\cdots,\theta_N]^{\mathrm{T}}$ 表示由隐含层到输出层的权向量，为可调参数，N 表示隐含层的节点个数。

高斯函数由于形式简单、解析性好，往往被用作构造 RBF 人工神经网络的径向基函数，其构造形式为

$$\rho_j=\frac{1}{\sqrt{2\pi}\sigma}\exp\left(-\frac{\|x-\zeta_j\|^2}{2\sigma^2}\right)\quad j=1,2,3,\cdots,N \tag{1.1}$$

式中：σ 为高斯函数的宽度，$\sigma>0$；ζ_j 为高斯函数的中心，$\zeta_j\in\mathbf{R}^n, j=1,2,3,\cdots,N$。

RBF 人工神经网络具有逼近功能，也就是说，对于定义在紧致集 $\Omega\in\mathbf{R}^n$ 上的任意的连续函数 f 以及任意给定的 $\varepsilon>0$，只要选择合适的中心 ζ_j、宽度 σ 以及足够多的节点，就存在理想的 $\boldsymbol{\theta}^*$，$\|\varepsilon^*\|\leqslant\varepsilon$ 使得

$$f(\boldsymbol{x})=\boldsymbol{\theta}^{*\mathrm{T}}\boldsymbol{\xi}(\boldsymbol{x})+\varepsilon^* \tag{1.2}$$

1.3.2 模糊系统

1965 年 Zadeh 教授创立了模糊集理论，此后该理论逐渐形成了一门新的学科——模糊理论。模糊理论广泛应用于各个领域，如工业、经济、军事等领域。尤其是在 20 世纪八九十年代以来，模糊理论被日本科学家成功地应用到洗衣机、照相机等各种商业产品以及水泥窑、蒸汽机、地铁等各种工业过程和基础设施中。模糊理论之所以在众多领域中得到如此广泛的应用，主要是由于模糊集理论将人的因素作为系统的一个有机部分参与到系统的运作过程，并将人的因素数学化，用数学语言来描述人对系统的影响，即使没有精确的系统模型，也可以通过人的经验对系统进行分析操作。这个过程其实是一个逐渐逼近

的过程。1992 年王立新教授证明了采用高斯隶属函数、乘积推理模糊逻辑和重心解模糊方法的一类模糊系统是万能逼近器。随后又有很多类模糊系统被证明是万能逼近器，证明模糊系统是万能逼近器的发展过程，可参见文献[1-3]，这些文献对模糊系统是万能逼近器的结论做了很好的介绍。在得到模糊系统是万能逼近器的结论之后，模糊逻辑系统作为逼近器在控制理论中得到了更加广泛的应用。

模糊理论在实际应用方面主要集中在模糊系统上，尤其是在模糊控制方面。模糊理论在控制中的应用可以分为传统模糊控制、PID 模糊控制、神经模糊控制、模糊滑模控制、自适应模糊控制以及基于 T-S（Takagi-Sugeno）模型的模糊控制。从本质上来说，模糊控制可以分为两种，即自适应模糊控制和非自适应模糊控制。二者的主要区别在于，在自适应模糊控制中，控制器用模糊系统来构造，其中一些参数或者控制器本身是可以改变的，非自适应模糊控制则用到更多的模型知识以及专家的经验，通过这些知识或者经验来达到对系统的影响。自适应模糊控制器的设计是 20 世纪 90 年代以来模糊理论研究的重要方向之一。在自适应控制中，主要用到的是模糊系统的逼近性能。常见的模糊逼近器主要有两类：一类是基于 Mamdani 模糊系统的逼近器；另一类是基于 T-S 模糊系统的逼近器。由于本书主要应用 Mamdani 模糊系统，所以下面主要介绍 Mamdani 模糊系统建立的过程。

在介绍模糊系统建立过程前，先介绍几个相关的概念，隶属度函数等模糊集理论的基本概念可参见文献[4]。

模糊集的高度是指任意点所达到的最大隶属度值。如果一个模糊集的高度等于 1，则称该模糊集为标准模糊集。

模糊集的完备性：如果对任意 $x\in W$ 都存在 A^j 使 $\mu_{A^j}(x)>0$，则认为 $W\subset\mathbf{R}$ 上的模糊集 $A^1,A^2,A^3,\cdots,A^N$ 在 W 上是完备的。

模糊集的一致性：如果对某个 $x\in W$ 有 $\mu_{A^j}(x)=1$ 成立且对所有 $i\neq j$ 都有 $\mu_{A^i}(x)=0$ 成立，则认为 $W\subset\mathbf{R}$ 上的模糊集 $A^1,A^2,A^3,\cdots,A^N$ 在 W 上是一致的。上述概念中 $\mu_{A^j}(x)$ 表示隶属的函数。

设 S 是 $\mathbf{R}^n$ 中的一个紧致连通子集。定义映射 $f:S\to\mathbf{R}^m$，$f\in C^m$，其中，C^m 表示一个连续函数空间，$\boldsymbol{x}$ 是一个 n 维向量且 $\boldsymbol{x}=[x_1,x_2,x_3,\cdots,x_n]$，$x_i\in[a_i,b_i]$。将 $[a_i,b_i]$ 分为 N_i 个子区间，对 x_i 模糊化，$a_i=C_i^1<C_i^2<C_i^3<\cdots<C_i^{N_i}=b_i$，$N_i>0$ 且为整数，则其第 j 个子空间 $[C_i^j,C_i^{j+1}]$ 用 ϕ_i^j 表示，其隶属度函数为 $\mu_i^j(x_i)$。为了保证模糊系统的有效性，此处假设定义在子空间 ϕ_i^j 上的模糊集为标准且一致的。下面介绍模糊系统 $\hat{f}(x,\sigma)$ 的构建过程。

采用一般形式的模糊系统规则。

R_l：若 x_1 是 ϕ_1^j 和 x_2 是 ϕ_2^j ……和 x_n 是 ϕ_n^j，则，y_l 是 $\Omega_l(l=1,2,3,\cdots,L)$，$1 \leqslant L=\prod_{i=1}^{n} N_i$。

式中：L 为规则总数。若 Ω_l 表示输出模糊集，那么该模糊系统表示一个 Mamdani 模糊系统；当 $\Omega_l = f_l(x_1,x_2,x_3,\cdots,x_n)$ 时，该模糊系统表示一个 T-S 模糊系统，函数 f_l 为线性函数或非线性函数，决定 T-S 模糊系统为线性或者非线性系统。下面简要介绍 Mamdani 模糊系统的构建过程。模糊系统的输出为

$$y_l(x)=\frac{\prod_{i=1}^{n}\theta_l \mu_j^l(x_i)}{\sum_{l=1}^{L}\prod_{i=1}^{n}\mu_j^l(x_i)} \tag{1.3}$$

由于定义在子空间 ϕ_i^j 上的模糊集为标准且一致的，所以式（1.3）的分母不会等于零，从而可以避免模糊逻辑系统奇异的情况。设 $\boldsymbol{\theta}=[\theta_1,\theta_2,\theta_3,\cdots,\theta_L]^{\mathrm{T}}$，$\theta_i(1 \leqslant i \leqslant L)$ 是 $\mathbf{R}$ 中的点，为可调参数。在 $\boldsymbol{\theta}$ 处，y 的隶属度函数值达到最大。令 $\boldsymbol{\xi}(\boldsymbol{x})=[\xi_1(\boldsymbol{x}),\xi_2(\boldsymbol{x}),\xi_3(\boldsymbol{x}),\cdots,\xi_L(\boldsymbol{x})]^{\mathrm{T}}$，$\xi(x)$ 称为模糊基函数，其表示形式为

$$\xi_l(\boldsymbol{x})=\frac{\prod_{i=1}^{n}\mu_j^l(x_i)}{\sum_{l=1}^{L}\prod_{i=1}^{n}\mu_j^l(x_i)} \tag{1.4}$$

这样，可以将该模糊逻辑系统表示为向量的形式，即

$$\hat{f}(\boldsymbol{x},\boldsymbol{\theta})=\boldsymbol{\theta}^{\mathrm{T}}\boldsymbol{\xi}(\boldsymbol{x})$$

在模糊逻辑系统中，隶属度函数可以是三角形、梯形、钟形以及高斯形函数等（有关三角形、梯形、钟形等隶属度函数的内容可参考有关模糊理论的相关文献），本书中隶属度函数采用高斯函数，即

$$\mu_i^j(x_i)=\frac{1}{\sqrt{2\pi}\sigma}\exp\left(-\frac{\|x_i-\eta_i^j\|^2}{2\sigma^2}\right) \tag{1.5}$$

式中：σ 为高斯函数的宽度，$\sigma>0$；η_i^j 为高斯函数的中心。

对于任意连续函数 $f(\boldsymbol{x})$，可以构造上述 Mamdani 模糊系统以任意精度来逼近该函数。下面介绍有关该结论的一个引理，该引理由王立新教授于 1992 年提出。

引理 1.1 设 $\boldsymbol{x} \in U$，U 是 $\mathbf{R}^n$ 的一个紧致子集，那么对于给定的任意连续函数 $f(\boldsymbol{x})$ 以及 $\forall \varepsilon>0$，存在一个模糊逻辑系统 $\hat{f}(\boldsymbol{x},\boldsymbol{\theta})=\boldsymbol{\theta}^{\mathrm{T}}\boldsymbol{\xi}(\boldsymbol{x})$，使得

$$\sup_{\boldsymbol{x}\in U}\|f(\boldsymbol{x})-\hat{f}(\boldsymbol{x},\boldsymbol{\theta})\| \leqslant \varepsilon \tag{1.6}$$

在上述逼近理论得到证明以后，该类模糊系统作为逼近器在不确定非线性系统的控制问题中得到了广泛的应用。

1.3.3 小波理论

小波级数跟神经网络以及模糊系统一样，具有逼近功能，因此经常用于控制器的设计过程中。小波理论不仅在频域上显示信号的特性，而且在时域上也可以将信号的特性显示出来。最早的小波分析应用于地震数据的分析过程中，1984 年，法国地球物理学家 Morlet 对地震波的局部性质进行分析时，发现经常用来分析数据的由法国数学家傅里叶针对热传导理论提出的傅里叶变换很难达到要求，首次将小波的概念应用于信号分析。随后，Grossman 在 Morlet 工作的基础上，对信号按一个确定函数的伸缩平移展开的可行性进行了研究，与 Morlet 一起提出了连续小波展开理论，为小波理论的研究做出开创性的工作。当小波理论提出来以后，人们认为规范正交基是不存在的，1986 年 Meyer 证明不可能存在时域或频域都具有一定正则性的正交小波基时，意外地找到了具有一定衰减性的正则函数，将该函数经过伸缩平移后可以构成规范正交基，从而证明了确实存在小波正交系。在小波理论基本形成之前，还有两个工作值得一说，第一个是 Mallat 于 1987 年将计算机视觉领域的多分辨分析思想引入小波理论来进行构造小波函数，统一了小波函数的构造方法，为信号按小波分解与重构提出了一套完整的算法，即 Mallat 算法。该算法的提出使得更多的人开始关注小波理论。第二个是 Daubechies 于 1988 年证明了具有有限支集正交小波基的存在性，并构造了具有有限支集的正交小波基，而其发表的一篇长达 87 页的长篇论文，使得小波理论基本形成，该论文主要论述了小波变换的时频局域化性能以及在信号分析中的应用。

随着计算机技术的发展，小波理论被应用于很多的领域，如信号处理、数据压缩、图像处理、数值分析等方面。小波理论的不断发展促使具有各种性质的小波不断地被构造出来。小波理论与人工智能相结合已成为当前的热门研究课题之一。小波理论主要研究函数的表示，即将函数分解为基本函数之和，因此小波级数具有函数逼近的功能。由于小波级数具有逼近功能，小波级数也经常应用于不确定系统的控制器设计中。下面先给出一些有关小波理论的概念和构造方法，这些知识可参考文献[5-7]。

定义 设 $\psi(t)$ 为一平方可积函数，即 $\psi(t)\in L^2(\mathbf{R})$，若其傅里叶变换 $\hat{\psi}(t)$ 满足：

$$\int_{\mathbf{R}}\frac{|\hat{\psi}(w)|^2}{w}\,\mathrm{d}w<\infty \tag{1.7}$$

则 $\psi(t)$ 称为基本小波或小波母函数，式（1.7）称为小波函数的可容许性条件，是一个函数成为小波的首要条件，只有满足了这个条件，小波变换才会有意义。将小波母函数$\psi(t)$进行伸缩和平移，设其伸缩因子为a，平移因子为b，伸缩平移后的函数为$\psi_{ab}(t)$，那么有

$$\psi_{ab}(t)=|a|^{-\frac{1}{2}}\psi\left(\frac{t-b}{a}\right)\quad a,b\in\mathbf{R},a\neq 0 \tag{1.8}$$

式中：$\psi_{ab}(t)$为依赖于参数 a、b 的小波基函数，系数$|a|^{-\frac{1}{2}}$的作用是使函数变形后函数的能量保持不变，即满足下列条件，即

$$\int_{\mathbf{R}}|\psi(t)|^2\mathrm{d}t=\int_{\mathbf{R}}|\psi_{ab}(t)|^2\mathrm{d}t \tag{1.9}$$

对于$\forall f\in L^2(\mathbf{R}^n)$，其连续小波变换为

$$WT_{\mathrm{f}}(a,b)=<f(t),\psi_{ab}(t)>=|a|^{-\frac{1}{2}}\int_{\mathbf{R}}f(t)\overline{\psi}\left(\frac{t-b}{a}\right)\mathrm{d}t \tag{1.10}$$

式中：$\overline{\psi}$ 为ψ 的复共轭。

将上述定义的定义域扩展为$\mathbf{R}^n$，即$\psi(t)\in L^2(\mathbf{R}^n)$，可以在$n$维二次可积空间上，定义一个$L^2(\mathbf{R}^n)$上的基本小波或小波母函数。当然，也可以通过一维小波母函数构造多维小波母函数，即

$$\psi_n(\boldsymbol{x})=\psi(x_1)\psi(x_2)\psi(x_3)\cdots\psi(x_n),\quad \boldsymbol{x}=[x_1,x_2,x_3,\cdots,x_n]^{\mathrm{T}}\in\mathbf{R}^n$$

通过对该小波母函数进行伸缩平移变换，可以如式（1.8）那样构造多维小波基函数，即

$$\psi_{ab}(t)=\left|\det\boldsymbol{A}\right|^{-\frac{1}{2}}\psi(\boldsymbol{A}^{-1}(\boldsymbol{x}-m\boldsymbol{B}))\quad m\in\mathbf{Z} \tag{1.11}$$

式中：$\boldsymbol{A}=\mathrm{diag}\{a_1,a_2,a_3,\cdots,a_n\},a_i\in\mathbf{R}(i=1,2,3,\cdots,n),\boldsymbol{B}\in\mathbf{R}^n$。

在式（1.8）和式（1.11）中，当a、b或$\boldsymbol{A}$、$\boldsymbol{B}$连续变换时，所构造的小波变换称为连续小波变换；当a、b取离散值时，构造的小波变换被称为离散小波变换，离散小波变换定义如下。

固定伸缩步长$a_0>1$，位移步长$b_0\neq 0$，取$a=a_0^{-l}$，$b=mb_0a_0^{-l}$，从而把连续小波变成离散小波，即

$$\psi_{lm}(x)=a_0^{\frac{l}{2}}\psi(a_0^lx-mb_0)\quad l、m\in\mathbf{Z} \tag{1.12}$$

根据离散小波的定义，对于函数$f\in L^2(\mathbf{R})$，其离散小波变换定义为

$$WT_{\mathrm{f}}(a,b)=<f(t),\psi_{lm}(t)>=a_0^{\frac{l}{2}}\int_{\mathbf{R}}f(t)\overline{\psi}(a_0^lt-mb_0)\mathrm{d}t \tag{1.13}$$

当然，同连续小波基函数一样，离散小波基函数也可以扩展成多维形式的离散小波基函数，在这里不再介绍。

选取适当的l、m，可使该小波族满足小波框架条件，构成一个小波框

架，即对于$\forall f \in L^2(\mathbf{R}^n)$，存在正常数$C$、$D$使得下面不等式成立，即

$$C\|f\|^2 \leqslant \sum_{l,m} < f(t), \psi_{lm}(t) >^2 \leqslant D\|f\|^2 \quad 0 < C < D < \infty \tag{1.14}$$

式中：C、D为框架界。当C=D时，小波族$\{\psi_{lm}\}$被称为紧框架；当C=D=1时，小波族$\{\psi_{lm}\}$称为正交基。根据小波族$\{\psi_{lm}\}$的框架性质，可以得到关于$L^2(\mathbf{R}^n)$的小波逼近性。

引理 1.2 若由小波母函数Ψ生成的小波族$\{\psi_{lm}\}$满足框架条件，则对于任意$f \in L^2(\mathbf{R}^n)$，存在框架展开系数W_{lm}，满足

$$f(x) = \sum_{(l,m)\in Z^2} W_{lm}\psi_{lm} \tag{1.15}$$

也就是说，对于任意$f \in L^2(\mathbf{R}^n)$，都存在小波级数的表示形式。设$W_{lm} = \theta_i$，$\psi_{lm} = \xi_i$，那么有$\boldsymbol{\theta} = [\theta_1, \theta_2, \theta_3, \cdots, \theta_N]^\mathrm{T}$，$\boldsymbol{\xi} = [\xi_1, \xi_2, \xi_3, \cdots, \xi_N]^\mathrm{T}$。于是$f(\boldsymbol{x}) = \boldsymbol{\theta}^\mathrm{T}\boldsymbol{\xi}$。在小波基构造过程中，墨西哥帽函数$\psi(x) = (x^2 - 1)\mathrm{e}^{-x^2/2}$和高斯函数的导数$\psi(x) = x\mathrm{e}^{-x^2/2}$经常用作小波母函数。

通过上面的介绍可以发现，虽然 RBF 人工神经网络、Mamdani 模糊系统以及小波级数构造过程不同，然而三者具有相同的表示形式$\boldsymbol{\theta}^\mathrm{T}\boldsymbol{\xi}$。在包含未知非线性项系统控制问题的应用中，三者都可以作为在线逼近器来构造控制器。但是这 3 种非线性建模方法哪一种更优越，是一个需要考虑的问题。王立新教授从逼近精度与复杂度的平衡、学习算法的收敛速度、结果的可解释性以及充分利用各种不同形式的信息几个方面将模糊理论与人工神经网络和小波级数等非线性建模方法进行了比较，得到模糊系统除具有可解释性强、可利用语言信息等优点外，在其他方面如逼近精度与效率、学习算法收敛速度等方面模糊理论绝不低于其他方法的结论。同时，学者王立新在其相关文章中还指出，3 种方法在用作逼近器时在逼近精度和学习收敛速度上没有太多差别。也就是说，这 3 种非线性建模方法在用作逼近器时，其逼近性能相当。然而，这 3 种方法也存在相类似的缺点。对于 RBF 人工神经网络，选取的节点越多，人工神经网络对信号的逼近就越精确，但节点越多，计算也就越复杂，因此，如何选择人工神经网络的节点个数多少是人工神经网络用作逼近器的一个问题。对于选取高斯函数为基函数的 RBF 人工神经网络，高斯函数的中心点的选择是一个问题，这些都是人工神经网络自身存在的问题。在 Mamdani 模糊逻辑系统的构造过程中，相似的问题表现为如何确定规则数，规则数越大，模糊系统的逼近性能会越好，相应的计算也会越复杂，没有理论系统地给出模糊规则数的确定方法。若选择高斯函数作为隶属度函数，也存在高斯函数中心选择的问题。同样地，由小波理论构造的小波级数也存在这些问题。

摒弃这些缺点与不同，从数学的角度来看，这 3 种方法在不确定系统控制中的应用主要用到的是它们逼近性能，进一步来看，这些理论在不确定系统控制中的应用主要是将未知非线性项转化为仅包含未知参数与已知函数乘积的形式，然后利用自适应控制设计方法来对系统进行控制器设计。因此选择这样一个表达式$\theta^{\mathrm{T}}\xi$，不管它表示的是神经网络还是模糊系统或者小波级数，只要选择适当的ξ，就可以使$\theta^{\mathrm{T}}\xi$具有逼近某些函数的功能，用于逼近不确定非线性系统中的不确定项，进而构造控制器。这样，本书得到的各种控制律对于 RBF 人工神经网络、Mamdani 模糊逻辑系统、小波级数 3 种逼近器构成的控制器具有通用性。

1.4 不确定系统控制发展现状及相关问题

从控制理论提出发展至今，所研究内容由线性系统的控制问题发展到非线性系统的控制问题；由对精确系统的控制研究发展到对不确定系统的控制研究，研究内容十分丰富。本书主要选取两类系统的控制问题进行研究，所以着重介绍这两类系统控制问题的研究现状以及不确定非线性系统中一些比较集中的问题，如控制器的奇异和控制增益符号等问题。

1. 输入/输出型不确定非线性系统

在胡寿松撰写的《自动控制原理》一书中，提到两类由系统微分方程建立的状态空间系统：一类是系统中不包含输入量的导数项，见式（1.16），另一类是系统中包含输入量的导数项，见式（1.17）。

$$y^{(n)}+a_{n-1}y^{(n-1)}+a_{n-2}y^{(n-2)}+\cdots+a_1\dot{y}+a_0y=\beta_0u \tag{1.16}$$

$$\begin{aligned}&y^{(n)}+a_{n-1}y^{(n-1)}+a_{n-2}y^{(n-2)}+\cdots+a_1\dot{y}+a_0y\\&=b_mu^{(m)}+b_{m-1}u^{(m-1)}+\cdots+b_0u\end{aligned} \tag{1.17}$$

$$y^{(n)}=f_0(\cdot)+\sum_{i=1}^{p}f_i(\cdot)\theta_i+(g_0+\sum_{i=1}^{p}g_i\theta_i)u^{(m)} \tag{1.18}$$

式中：$f_i(\cdot)=f_i(y(t),\dot{y}(t),\cdots y^{(n-1)}(t),u(t),\dot{u}(t),\cdots,u^{(m-1)}(t))$。

式（1.16）包含非线性项情况下的控制设计方法已基本趋于成熟，如文献[9-12]考虑了该类系统或该类系统的转换为状态空间形式后所表示系统的控制问题。与式（1.16）相比，式（1.17）的控制研究工作较少。1996 年，Khalil 对包含已知非线性项和不确定参数的第二类系统的类似系统式（1.18）的控制问题进行了研究，得到了该类系统的控制器设计方法。后来，Aloliwi 等对该类系统中包含有已知上界的扰动情况下的控制问题进行了研究。国内学者刘玉生和李兴源等将 Aloliwi 的工作进一步研究，给出的控制器设计方法不需要知道扰动上界，他们后来的工作对该系统的形式作了进一步扩展，研究了包含未知非线性项、未知参数以及未建模动态的该类系统的控制问题，但未知非线性项需要有一个上界，该上界为一个未知参数和已知函数的乘积；学者王丹等对该类系统的控制问题进一步研究，将 RBF 人工神经网络引入该类系统的控制中，完善了学者刘玉生等的工作，去掉了未知非线性项上界的条件，所研究系统中控制增益为参数；Seshagiri 等对控制增益为未知非线性函数的情况进行了研究，通过 RBF 人工神经网络对未知非线性项进行逼近，为所讨论系统构造了控制器。但由于人工神经网络对未知非线性项逼近表达式作为分母出现在控制器中，设计过程中需要假设该逼近表达式的取值不等于零，若该表达式等于零，将导致控制器奇异情况的发生。国内学者达飞鹏和费树珉等对 Seshagiri 等的工作进行了改进，对逼近器表达式为零的情况进行了讨论，当该表达式的绝对值小于某个正常数 k 时，用 k 来代替逼近器，避免了控制器奇异情况的发生；学者王丹等研究了该类系统包含时滞的情况，给出了其控制器设计方法。进一步分析得知，该类系统还存在许多值得研究的方面，如控制增益符号未知情况下的控制问题等。因此，本书将对该类系统的控制问题进行深入研究。

2. 下三角系统

作为不确定非线性系统领域研究的热点，近几年来，具有下三角形式的严反馈（Strict-feedback System）系统和纯反馈系统（Pure-feedback System）受到了人们的广泛关注。两种系统的一般形式为

$$A:\ \begin{cases}\dot{x}_i = f_i(x_1,x_2,x_3,\cdots,x_i)+g_i(x_1,x_2,x_3,\cdots,x_i)x_{i+1} \\ \dot{x}_n = f_n(x_1,x_2,x_3,\cdots,x_n)+g_n(x_1,x_2,x_3,\cdots,x_n)u\end{cases}\quad 1\leqslant i\leqslant n-1 \tag{1.19}$$

$$B:\ \begin{cases}\dot{x}_i = f_i(x_1,x_2,x_3,\cdots,x_{i+1})+g_i(x_1,x_2,x_3,\cdots,x_{i+1})x_{i+1} \\ \dot{x}_n = f_n(x_1,x_2,x_3,\cdots,x_n)+g_n(x_1,x_2,x_3,\cdots,x_n)u\end{cases}\quad 1\leqslant i\leqslant n-1 \tag{1.20}$$

这两种下三角系统的控制器可以采用后推（Backstepping）算法设计。传统的后推算法对控制器的设计需要分步骤进行，每一步设计一个虚拟控制器，下一步设计时，以该虚拟控制器为参考信号来跟踪，需要对其进行求导运算，随着系统阶数的增加，虚拟控制器中变量数目会增加，导致下一个子系统的虚拟控制器的复杂程度爆炸性增长。在严反馈系统中，如果采用在线逼近控制技术设计控制器，该问题可以通过对每一步的虚拟控制器的导数项进行在线逼近的方式来避免。但是，在 n 阶纯反馈系统中，后推技术有一个致命的问题，即在第 $n-1$ 步设计的虚拟控制器中，包含第 n 个状态，当该步虚拟控制器进入最后控制器设计时，对第 $n-1$ 虚拟控制器求导时需要对第 n 个状态进行求导，因此，在对第 $n-1$ 步设计的虚拟控制器求导时，出现了控制项，但是，控制项不能作为变量出现于被逼近的未知非线性项中，即控制项不能循环构造。为了避

免控制项循环构造的问题，很多学者做出了不懈的努力，提出了很多方法解决这个问题。

2006 年，学者王聪等对非仿射纯反馈系统的控制问题进行了研究，结合输入状态稳定（Input-State Stable，ISS）理论与小增益（Small Gain）技术避免了控制项的循环构造问题。此外，还有一些其他方法可以避免该问题，如动态面控制技术也可以避免控制项循环构造问题的发生；学者周安民等在其文章中提到的滤波器方法以及学者王敏在其文章中提到的控制器设计方法等，都很好地避免了控制器循环构造的问题。本书在为纯反馈系统设计控制器时也遇到了这个问题，采用动态面控制设计方法避免了该问题，所以下面着重介绍动态面控制设计方法的发展过程和研究现状。

1997 年，国外学者 Swaroop 等提出动态面控制器设计方法，用于解决采用传统后推算法为下三角系统进行控制器设计时引起的控制器复杂程度爆炸性增长的问题。学者王丹等将该方法用于严反馈系统的控制器设计问题，结合 BRF 人工神经网络与后推算法，解决了包含未知项的严反馈系统的控制器复杂程度随系统阶数爆炸性增长的问题。随后出现了一系列应用动态面控制器设计方法进行控制器设计的文章，将动态面控制器设计方法应用于各类系统，如严反馈系统、仿射纯反馈系统、非仿射纯反馈系统以及其他系统的控制器设计中。

2009 年，学者王丹等将动态面控制器设计方法应用于控制增益为常数的纯反馈系统，为该系统设计出了一种一致最终有界（Uniformly Ultimately Bounded，UUB）的控制器，首次采用动态面控制器设计方法同时解决了控制器复杂程度爆炸性增长问题和控制项循环构造的问题。

3. 控制器的奇异问题与控制增益符号不确定问题

应用在线逼近器为不确定非线性系统构造控制器过程中，存在一些比较集中的问题，如控制器的奇异问题、控制增益符号不确定等问题。

对于控制器奇异问题的研究由来已久，其主要起因是在控制器中，将可能等于零的表达式用作分母，如果这些表达式接近或等于零，就会使得控制信号无限大。例如，利用在线逼近器设计控制器时，通常不能保证逼近器表达式不会出现接近或等于零的情况，如果将其作为分母来构造控制器，当该表达式接近或等于零时，就会引起控制器的奇异；又如状态变量在与参考信号作差后得到误差，控制设计的目标往往是要求状态变量跟踪参考信号，跟踪误差的值可能接近或等于零，因此，跟踪误差不能作为分母出现在控制器中或者出现在被逼近的未知非线性项中。

为了简单起见，对以下一维系统进行控制器设计，进而分析控制器奇异问

题的解决方法，即

$$\begin{cases} \dot{x} = f(x) + g(x)u \\ y = x \end{cases} \tag{1.21}$$

式中：$x \in \mathbf{R}$。假设该系统中的函数 $f(x)$、$g(x)$ 为定义在紧致集上 $\Omega \subset \mathbf{R}$ 的未知光滑函数，要该系统可控，需要 $g(x) \neq 0$，给定的有界跟踪信号为 y_{r}，且 y_{r} 的导数有界，作误差 $e = x - y_{\mathrm{r}}$，系统的误差动态形式为

$$\begin{cases} \dot{e} = f(e + y_{\mathrm{r}}) + g(e + y_{\mathrm{r}})u - \dot{y}_{\mathrm{r}} \\ y = x \end{cases} \tag{1.22}$$

若函数 $f(x)$、$g(x)$ 已知，只要给定控制器 $u = \dfrac{1}{g}(-ke - f + \dot{y}_{\mathrm{r}})$，就可使该系统稳定。但由于函数 $f(x)$、$g(x)$ 未知，所以需要利用在线逼近器对函数 $f(x)$、$g(x)$ 进行逼近。假设 $\hat{f}(x)$、$\hat{g}(x)$ 分别表示对函数 $f(x)$、$g(x)$ 的在线逼近，构造控制律为

$$u = \frac{1}{\hat{g}}(-ke - \hat{f} + \dot{y}_{\mathrm{r}}) \tag{1.23}$$

式（1.23）中，$\hat{g}$ 处于分母部位，若在 $\hat{g}$ 等于或接近于零，控制器就会产生奇异的情况，控制信号无限大，这样设计的控制器无论在理论方面还是在实际应用中都没有意义。因此，控制器奇异问题的研究是十分必要的。该问题引起了很多学者的注意，经过归纳总结，控制器奇异问题的解决方法可以分为以下几类。

1）切换方法

构造如式（1.23）的控制器时，对 $\hat{g}$ 的值进行讨论，给定一个正常数 k，当 $|\hat{g}| \geqslant k$ 时给定一个控制器，当 $|\hat{g}| < k$ 时，给定另一个控制器，或者说给定另一个控制律和自适应律，使得修正后的控制器中的 $\hat{g}$ 不会引起控制器奇异，这种方法的缺点是难以对控制增益函数 $g(x)$ 进行有效逼近，对控制器的自适应性能有一定的影响。另外，由于控制器的构造需要对 $\hat{g}$ 的值进行讨论，在 $\hat{g}$ 接近或等于零时，其控制器难免有抖振现象。

2）利用数学方法避免控制器奇异的情况发生

采用某些数学方法，也可以避免控制器奇异情况的发生，如采用洛必达法则。在微积分知识的学习中，常常会遇到一个问题，即求解两个无穷小量比值的极限（也可以说是一个无穷小量与一个无穷大量乘积的极限），或者求解两个无穷大量的比值的极限，这个极限有时是存在的，有时是不存在的。微积分中将这类比值称为未定式（或待定型），简记为 $\dfrac{0}{0}$ 和 $\dfrac{\infty}{\infty}$。在处理这类问题时，

洛必达法则往往是简单而有效的工具。下面针对$\frac{0}{0}$型简单介绍一下洛必达法则。

设函数$\phi(x)$、$\varphi(x)$满足下列条件。

（1）$\lim\limits_{x\to x_0}\phi(x)=0$，$\lim\limits_{x\to x_0}\varphi(x)=0$。

（2）函数$\phi(x)$、$\varphi(x)$在x_0的去心邻域$U(x_0)$内可导，且有$\varphi'(x)\neq 0$。

（3）$\lim\limits_{x\to x_0}\dfrac{\phi'(x)}{\varphi'(x)}$存在或者为$\infty$。

则$\lim\limits_{x\to x_0}\dfrac{\phi(x)}{\varphi(x)}$存在，且$\lim\limits_{x\to x_0}\dfrac{\phi(x)}{\varphi(x)}=\lim\limits_{x\to x_0}\dfrac{\phi'(x)}{\varphi'(x)}$。

由洛必达法则可知，即使一个表达式分母的极限为零，如果它分子的极限也为零时，这个表达式可能不发生奇异，例如

$$\lim_{x\to 0}\frac{\sin x}{x},\quad \lim_{x\to 0}\frac{1-\exp(-x^2)}{x},\quad \lim_{x\to 0}\frac{\tanh^2(x)}{x} \tag{1.24}$$

式（1.24）中 3 个表达式的极限是存在的，因此，在构造可能发生奇异问题的控制器时，就可以采用这些式子来避免控制器奇异的问题。例如，学者黄正泽在进行单输入单输出以及多输入多输出严反馈系统设计控制器时，采用了下列表达式避免控制器奇异的问题，即

$$\frac{1-\exp\left(-\left(\dfrac{\hat{g}}{w}\right)^2\right)}{\hat{g}} \tag{1.25}$$

与切换法相比，该方法能有效地逼近系统中的未知非线性项，但由于采用了未定式，控制器的稳定性分析过程可能会变得比较复杂。

3）Nussbaum 控制增益技术

Nussbaum 控制增益技术主要是用来解决控制方向未知情况下的控制问题的，在解决控制方向未知问题时，也避免了因控制增益未知而引起的控制律奇异问题。首先介绍 Nussbaum 函数的定义。

如果函数具有以下性质，那么这个函数为 Nussbaum 函数，即

$$\lim_{s\to+\infty}\sup\frac{1}{s}\int_0^s N(\zeta)\mathrm{d}\zeta=+\infty \tag{1.26}$$

$$\lim_{s\to+\infty}\inf\frac{1}{s}\int_0^s N(\zeta)\mathrm{d}\zeta=-\infty \tag{1.27}$$

连续函数$\zeta^2\cos\zeta$、$\mathrm{e}^{\zeta^2}\cos\left(\dfrac{\pi\zeta}{2}\right)$具有这样的性质，因此它们是 Nussbaum 函数。本书中选用$\zeta^2\cos\zeta$来构造控制器，下面给出有关 Nussbaum 函数的一个引理。

引理 1.3 假设$V(\cdot),\zeta(\cdot)$为定义在$[0,t_f)$上的光滑函数，且$V(t)\geqslant 0$，$\forall t\in[0,t_f)$，若对于一个 Nussbaum 函数$N(\zeta)$和$\forall t\in[0,t_f)$，有下列不等式成立，即

$$0\leqslant V(t)\leqslant c_0+\mathrm{e}^{-c_1 t}\int_0^s(G(x(\tau))N(\zeta)+1)\dot{\zeta}\mathrm{e}^{c_1\tau}\mathrm{d}\tau \tag{1.28}$$

式中：c_0为一个任意常数，$c_1>0$；$G(x(t))$为时变函数，如果$G(x)\in[g_{\min},g_{\max}]$，$0\notin[g_{\min},g_{\max}]$，那么$V(t)$、$\zeta(t)$和$\int_0^s G(x(\tau))N(\zeta)\dot{\zeta}\mathrm{e}^{c_1\tau}\mathrm{d}\tau$在区间$[0,t_f)$有界。

文献[23]就一类一阶线性系统的控制器设计问题，首次引入了 Nussbaum 函数，该函数可以用来解决控制增益符号未知情况下系统的控制问题。随后 Nussbaum 控制增益技术被应用于各种控制增益符号未知的系统中，如学者葛树志等利用 Nussbaum 控制增益技术给出了一类虚拟控制增益未知的严格反馈时滞系统的一致最终有界控制器。学者刘璐等在其相关文献中讨论了一类控制增益符号未知的包含动态不确定性以及静态不确定性的下三角系统的稳定性问题，控制器设计过程中用到了 Nussbaum 控制增益技术。采用 Nussbaum 控制增益技术后，不需要对控制增益函数进行逼近，也就不会出现$\hat{g}$位于分母部位的情况，从而可以避免控制器奇异问题的发生。应用 Nussbaum 控制增益技术进行控制器设计的方法在后面的工作中给出。

4）对系统中的未知项进行重构避免控制器的奇异问题

在控制律$u=\dfrac{1}{g}(-ke-f+\dot{y}_r)$中，由于函数$f(x)$、$g(x)$未知，控制律不可用，然而，由于函数$g(x)\neq 0$，可以对控制律中的未知函数$\dfrac{1}{g(x)}$、$\dfrac{f(x)}{g(x)}$分别进行在线逼近，从而构造新的控制律，将未知函数$\dfrac{1}{g(x)}$、$\dfrac{f(x)}{g(x)}$称为系统中未知非线性项的重构，该方法也避免了控制器奇异问题的发生。

该方法要求系统满足一个条件，即控制增益符号已知。很多文献都要求系统满足这个条件。然而，控制增益符号未知的系统在现实中是可能存在的，因此对控制增益符号未知的情况进行研究也是非常必要的。遇到控制符号增益未知的情况，可以根据 Nussbaum 控制增益技术来进行控制器设计。因此，上述方法的总结不但给出了控制器奇异问题的解决方法，而且给出了控制增益符号未知情况下为系统设计控制器的途径。

当然，这几种方法往往不是单独使用的。具体使用方法可参考葛树志、达飞鹏以及王敏等学者的相关文献。

本书主要考虑上述两类不确定系统的跟踪控制问题，并在建立控制器时考

虑控制器的奇异、控制增益符号未知等问题，以下为本书的主要内容。

1.5 本书研究内容

本书在深入研究智能控制理论和不确定非线性系统的基础上，对两类不确定非线性系统的跟踪控制问题进行研究，给出几种自适应跟踪控制器设计方案，并对跟踪控制器与所讨论系统组成的闭环系统的稳定性进行分析，经仿真验证，所给方案可以达到期望的控制效果，各章内容具体安排如下。

第 2 章主要对一类非线性不确定系统的跟踪控制问题进行了研究，该类系统是用输入/输出模型表示的，为了进行控制器设计，首先通过变量代换，将输入/输出模型转化为状态向量的动态模型，然后结合给定的参考信号将状态向量的动态模型转化为误差动态模型，并将误差动态模型的向量形式转化为矩阵形式，通过极点配置，首先稳定误差动态矩阵形式模型线性部分，通过在线逼近器对系统中的未知非线性项进行逼近后反馈到系统，进而对系统进行控制。随后，进一步研究了系统中包含未知时滞的情况，对于时滞项，采用鲁棒控制设计方法，假设系统中时滞项的上界已知，设计反馈控制器时，利用已知上界对时滞项进行抵消，Lyapunov 稳定性分析表明，在所给控制器和自适应律的作用下，系统是稳定的，且跟踪误差可以通过调节设计参数达到无限小。本章的仿真部分给出两个例子，说明两个控制器设计方法的有效性。

第 3 章在第 2 章的基础上，对第 2 章系统在控制方向未知情况下的控制问题进行了研究。在控制器设计过程中，首先将输入/输出系统转化为误差动态模型；然后用状态误差的线性和构造一个新的变量，对该变量求导，进而得出一个与原系统等价的系统；最后对得到的系统进行控制器设计。经过在线逼近器对系统中的非线性不确定项进行逼近，结合 Nussbaum 控制增益技术，完成了控制器的设计。在控制方向未知的不确定时滞系统的跟踪控制研究中，采用 Lyapunov-Krasovskii 方法对系统进行控制器设计。闭环系统的稳定性分析主要是基于 Lyapunov 稳定性理论的，最后得到闭环系统一致最终有界的结果。结尾给出 3 个仿真例子，其中一个例子将控制器设计方法应用于倒立摆系统的控制问题中。

第 4 章将所研究系统向前推进一步，在第 2 章和第 3 章的基础上研究了系统在控制输入非仿射情况下的跟踪控制问题。首先应用 Lagrange 中值定理将系统转化为控制输入仿射系统；然后根据仿射系统的控制器设计方法对系统进行控制器设计。设计方法以及稳定性证明同第 3 章关于控制方向未知的非线性系统设计方法以及证明步骤基本相同。仿真试验表明所给控制设计方法是有效的。

第 5 章主要研究了一类不确定纯反馈系统的跟踪控制器设计方法。结合后推算法和动态面控制设计方法，通过对系统中的不确定项在线逼近，为该类系统构造了跟踪控制器。后推算法常常用于类似纯反馈等形式的下三角系统的控制器设计。动态面控制设计方法，一方面避免了控制器项数爆炸性增长的问题；另一方面也防止了控制项进入被逼近函数，产生控制项循环构造的问题。根据 Lyapunov 稳定性理论分析，由原系统和所构造控制器组成的闭环系统一致最终有界。最后给出一个仿真试验，说明控制器的有效性。

第 6 章主要研究了一类非仿射不确定纯反馈时滞系统的跟踪控制问题。结合后推算法和动态面控制设计方法，采用 Nussbaum 控制增益技术，通过在线逼近不确定项，给出了所讨论系统的跟踪控制器。由于时滞项的存在，可能引起逼近器逼近的不确定项奇异，从而导致控制器奇异。为了避免这种情况，主要采用上述避免控制器奇异的第 1）种、第 3）种以及第 4）种方法来避免这种情况的发生。为了证明由控制器和所讨论系统构成的闭环系统是稳定的，构造了 n 个 Lyapunov-Krasovskii 函数，逐步得到系统中信号一致最终有界的结果，进而得到系统一致最终有界的结果。仿真试验说明控制设计方法的有效性。

第 2 章　输入/输出型不确定非线性系统的自适应控制

2.1　引言

本章主要讨论输入/输出型不确定非线性系统的控制问题。分两种情况对该类系统的跟踪控制问题进行讨论，即不包含时滞（式（2.1））和包含时滞（式（2.2）），具体系统为

$$
\begin{aligned}
y^{(n)} &= f(y(t),\dot{y}(t),\cdots,y^{(n-1)}(t),u(t),\dot{u}(t),\cdots,u^{(m-1)}(t)) \\
&\quad + g(y(t)\dot{y}(t),\cdots,y^{(n-1)}(t),u(t),\dot{u}(t),\cdots,u^{(m-1)}(t))u^{(m)}(t)
\end{aligned} \tag{2.1}
$$

$$
\begin{aligned}
y^{(n)} &= f(y(t),\dot{y}(t),\cdots,y^{(n-1)}(t),u(t),\dot{u}(t),\cdots,u^{(m-1)}(t)) \\
&\quad + g(y(t),\dot{y}(t),\cdots,y^{(n-1)}(t),u(t),\dot{u}(t),\cdots,u^{(m-1)}(t))u^{(m)}(t) \\
&\quad + h(y(t-\tau),\dot{y}(t-\tau),\cdots,y^{(n-1)}(t-\tau))
\end{aligned} \tag{2.2}
$$

式中：$y(t)$ 为系统的输出；$u(t)$ 为控制输入；$y^{(i)}(t)(1\leqslant i\leqslant n)$ 为系统输出 $y(t)$ 的 i 阶导数；$u^{(j)}(t)(1\leqslant j\leqslant m)$ 为控制输入 $u(t)$ 的 j 阶导数；$f(\cdot)$、$g(\cdot)$ 和 $h(\cdot)$ 为未知的光滑函数，f 可以包含未建模项和不确定项以及连续的扰动项；τ 为未知时滞。

该类系统在控制输入前加入了一系列的积分运算，使得学者杜红彬等相关文献中所考虑的非线性系统和式（1.16）得到了进一步扩展，是一个更为普遍的系统。近年来，该类系统的研究进程如第 1 章所述，学者 Khalil、刘玉生等分别对该类系统包含未知参数的情况进行了研究；学者刘玉生、王丹等分别对该类系统包含未知非线性项而控制增益为未知参数的情况进行了研究；学者 Seshagiri 与达飞鹏分别对该类系统包含未知非线性项且控制增益也为未知函数的情况进行了研究；学者王丹等对该类系统包含时滞的情况进行了研究。本章将在前人工作的基础上，研究式（2.1）和式（2.2）的跟踪控制问题给出其控制律和自适应律设计方法。

时滞是在工程控制系统中经常存在的现象，时滞对系统性能的影响很大，

甚至可能导致系统的不稳定。由于时滞的存在，时滞系统控制器的设计往往会变得更加复杂，更加具有挑战性，尤其是存在未知时滞的系统以及存在时变时滞系统的控制器设计。近年来，许多学者对非线性时滞系统控制进行了研究。未知时滞系统的控制问题常见的解决方法有两种：一种是 Lyapunov-Krasovskii 方法；另一种是 Lyapunov-Razumikhin 方法。其中 Lyapunov-Krasovskii 方法更为常见。对于时滞系统，本章主要采用鲁棒控制设计方法，假设系统中时滞项的上界已知，利用已知上界对时滞项进行抵消，通过 Lyapunov 控制器设计方法给出该类系统包含时滞时的反馈控制器。

本章内容安排如下：2.2 节讨论了输入/输出系统的控制器设计过程，通过逼近器对系统中不确定项的在线逼近，结合反馈线性化方法给出了所讨论系统的自适应控制器，然后基于 Lyapunov 稳定性理论，证明了由所讨论系统以及设计的控制器构成的闭环系统是稳定的，系统输出可以跟踪参考信号；2.3 节考虑式（2.2）的跟踪控制问题，控制器设计方法与 2.2 节基本相同，对于时滞部分，假设该部分存在一个已知上界，通过鲁棒控制设计方法，将系统中的时滞项用已知上界将其覆盖，进而为所讨论的时滞系统建立了控制器，并对由式（2.2）以及所给控制器组成的闭环系统的稳定性进行了分析；2.4 节给出了仿真试验，用以说明控制器的有效性。

2.2　输入/输出系统的控制设计

2.2.1　问题描述

首先将式（2.1）转化为状态空间形式，具体过程如下。

设

$$\begin{cases} x_1 = y, \;\; x_2 = \dot{y}, \cdots, x_n = y^{(n-1)} \\ z_1 = u, \;\; z_2 = \dot{u}, \cdots, z_m = u^{(m-1)} \end{cases} \tag{2.3}$$

经上述变化，式（2.1）可以转化为

$$\begin{cases} \dot{x}_i = x_{i+1} \quad 1 \leqslant i \leqslant n-1 \\ \dot{x}_n = f(\boldsymbol{x}(t), \boldsymbol{z}(t)) + g(\boldsymbol{x}(t), \boldsymbol{z}(t))v \\ \dot{z}_j = z_{j+1} \quad 1 \leqslant j \leqslant m-1 \\ \dot{z}_m = v \end{cases} \tag{2.4}$$

式中：$\boldsymbol{x}(t) = [x_1(t), x_2(t,), \cdots, x_n(t)]$；$\boldsymbol{z}(t) = [z_1(t), z_2(t,), \cdots, z_m(t)]$；$(\boldsymbol{x}, \boldsymbol{z})$ 为状态变量；v 为系统的输入。状态变量的初始值取值空间为 $Z_0 \subset \mathbf{R}^{m+n}$，即 $(\boldsymbol{x}(0), \boldsymbol{z}(0)) \in Z_0$。

本节的研究内容主要是设计控制器v，使得式（2.4）稳定，式（2.4）中的状态有界且系统输出可以跟踪满足下列假设条件的参考信号y_{r}。

为了设计控制器v，系统需要满足以下假设。

假设 2.1 参考信号y_{r}有界可导，i阶导数$y_{\mathrm{r}}^{(i)}(1\leqslant i\leqslant n)$有界，其$n$阶导数$y_{\mathrm{r}}^{(n)}$至少分段连续。

假设 2.2 状态变量$(\boldsymbol{x},\boldsymbol{z})$可测。

假设 2.3 函数$g(\boldsymbol{x},\boldsymbol{z})\neq 0$，即存在已知常数$g_{\max}\geqslant g_{\min}>0$使得$g_{\min}\leqslant|g(\boldsymbol{x},\boldsymbol{z})|\leqslant g_{\max}$成立；$g(\boldsymbol{x},\boldsymbol{z})$关于时间$t$的导数满足$|\dot{g}|\leqslant\gamma(\boldsymbol{x},\boldsymbol{z})$，其中$\gamma(\boldsymbol{x},\boldsymbol{z})$为已知函数。

上述假设都是合理的，是控制设计文献中的常见假设。基于假设 2.1，定义向量$\boldsymbol{Y}_{\mathrm{r}}=[y_{\mathrm{r}},\dot{y}_{\mathrm{r}},\cdots,y_{\mathrm{r}}^{(n-1)}]^{\mathrm{T}}$；假设 2.2 保证系统的状态可以用于反馈控制设计；假设 2.3 主要说明系统可控，由于$g(\boldsymbol{x},\boldsymbol{z})$连续，且$g(\boldsymbol{x},\boldsymbol{z})\neq 0$，故$g(\boldsymbol{x},\boldsymbol{z})$非负即正，不失一般性，本书假设$g(\boldsymbol{x},\boldsymbol{z})>0$。由假设 2.2 以及$g(\boldsymbol{x},\boldsymbol{z})>0$表明式（2.4）是一个可全状态反馈控制系统。特别地，经过变量转换，有

$$
\begin{aligned}
&\omega_i = z_i - x_{n-m+i} \quad 1\leqslant i\leqslant m-1\\
&\omega_m = g z_m - x_n
\end{aligned}
$$

对上式求导可得

$$
\begin{cases}
\dot{\omega}_i = \omega_{i+1} \quad 1\leqslant i<m-2\\
\dot{\omega}_{m-1} = z_m - x_n\\
\dot{\omega}_m = \dot{g} z_m - f(\boldsymbol{x},\boldsymbol{z})\Big|_{z_i=\omega_i+x_{n-m+i},\, z_m=(\omega_m+x_n)/g}
\end{cases}
\tag{2.5}
$$

式（2.5）可以看作一个以$\boldsymbol{\omega}=[\omega_1,\omega_2,\cdots,\omega_m]^{\mathrm{T}}$为状态的系统，与式（2.4）的前$n$个等式构成一个全局系统。为了进一步说明状态变量 $\boldsymbol{z}$ 有界，给出以下假设。

假设 2.4 式（2.5）对于所有的$\boldsymbol{z}(0)\in Z_0$以及任何有界的$\boldsymbol{x}(t)$，状态向量$\boldsymbol{\omega}$是有界的。

为了使系统输出可以跟踪参考信号y_{r}，其误差为

$$
e_1 = x_1 - y_{\mathrm{r}},\quad e_2 = x_2-\dot{y}_{\mathrm{r}},\quad \cdots,\quad e_n = x_n - y_{\mathrm{r}}^{(n-1)},\quad \boldsymbol{e}=[e_1,e_2,\cdots,e_n]^{\mathrm{T}}
$$

则系统的动态误差可表示为

$$
\begin{cases}
\dot{e}_i = e_{i+1} \quad 1\leqslant i\leqslant n-1\\
\dot{e}_n = f(\boldsymbol{e}^{\mathrm{T}}+\boldsymbol{Y}_{\mathrm{r}}^{\mathrm{T}},\boldsymbol{z}(t)) + g(\boldsymbol{e}^{\mathrm{T}}+\boldsymbol{Y}_{\mathrm{r}}^{\mathrm{T}},\boldsymbol{z}(t))v - y_{\mathrm{r}}^{(n)}\\
\dot{z}_j = z_{j+1} \quad 1\leqslant j\leqslant m-1\\
\dot{z}_m = v
\end{cases}
\tag{2.6}
$$

将式（2.6）写成矩阵形式，即

$$\begin{cases}\dot{\boldsymbol{e}}=\boldsymbol{A}\boldsymbol{e}+\boldsymbol{b}[f(\boldsymbol{e}^{\mathrm{T}}+\boldsymbol{Y}_{\mathrm{r}}^{\mathrm{T}},\boldsymbol{z})+g(\boldsymbol{e}^{\mathrm{T}}+\boldsymbol{Y}_{\mathrm{r}}^{\mathrm{T}},\boldsymbol{z})v-y_{\mathrm{r}}^{(n)}]\\ \dot{\boldsymbol{z}}=\overline{\boldsymbol{A}}\boldsymbol{z}+\overline{\boldsymbol{b}}v\end{cases} \tag{2.7}$$

式中：$\boldsymbol{A}=\begin{bmatrix}0 & 1 & \cdots & 0\\ \vdots & \vdots & \ddots & \vdots\\ 0 & 0 & \cdots & 1\\ 0 & 0 & \cdots & 0\end{bmatrix}$；$\boldsymbol{b}=\begin{bmatrix}0\\ \vdots\\ 0\\ 1\end{bmatrix}$。

矩阵$\overline{\boldsymbol{A}}$、$\overline{\boldsymbol{b}}$与矩阵$\boldsymbol{A}$、$\boldsymbol{b}$形式相同，阶数不同。对矩阵$\boldsymbol{A}$进行极点配置，使得$\boldsymbol{A}_{\mathrm{c}}=\boldsymbol{A}-\boldsymbol{b}\boldsymbol{K}$是赫尔维兹矩阵，$\boldsymbol{K}$为向量，也就是说，存在一个矩阵$\boldsymbol{P}$使得$\boldsymbol{A}_{\mathrm{c}}$满足

$$\boldsymbol{A}_{\mathrm{c}}^{\mathrm{T}}\boldsymbol{P}+\boldsymbol{P}\boldsymbol{A}_{\mathrm{c}}=-\boldsymbol{Q},\ \boldsymbol{Q}=\boldsymbol{Q}^{\mathrm{T}}>0 \tag{2.8}$$

将$\boldsymbol{A}_{\mathrm{c}}$代入式（2.7）可得

$$\dot{\boldsymbol{e}}=\boldsymbol{A}_{\mathrm{c}}\boldsymbol{e}+\boldsymbol{b}[\boldsymbol{K}\boldsymbol{e}+f(\boldsymbol{e}^{\mathrm{T}}+\boldsymbol{Y}_{\mathrm{r}}^{\mathrm{T}},\boldsymbol{z})+g(\boldsymbol{e}^{\mathrm{T}}+\boldsymbol{Y}_{\mathrm{r}}^{\mathrm{T}})v-y_{\mathrm{r}}^{(n)}] \tag{2.9}$$

若函数$f(\cdot)$、$g(\cdot)$已知，则控制律为

$$v=\frac{y_{\mathrm{r}}^{(n)}-\boldsymbol{K}\boldsymbol{e}}{g(\boldsymbol{e}^{\mathrm{T}}+\boldsymbol{Y}_{\mathrm{r}}^{\mathrm{T}},\boldsymbol{z})}-\frac{f(\boldsymbol{e}^{\mathrm{T}}+\boldsymbol{Y}_{\mathrm{r}}^{\mathrm{T}},\boldsymbol{z})}{g(\boldsymbol{e}^{\mathrm{T}}+\boldsymbol{Y}_{\mathrm{r}}^{\mathrm{T}},\boldsymbol{z})} \tag{2.10}$$

在式（2.10）的作用下，式（2.9）变为$\dot{\boldsymbol{e}}=\boldsymbol{A}_{\mathrm{c}}\boldsymbol{e}$，系统稳定。正如前面所说，由于$f(\cdot)$、$g(\cdot)$未知，在设计控制律时，函数$f(\cdot)$、$g(\cdot)$不能出现在控制律及自适应律中，因此需要对未知非线性部分进行逼近，进而利用对未知非线性项的逼近表达式构造控制器。由于对未知部分的逼近值是未知的，所以它们不可以作为分母出现在控制器中，若将其作为分母出现在控制器中，就可能造成控制器的奇异。本章为了避免控制器奇异的问题，采用第 1 章提到的第 4 种方法构造控制器。对未知部分进行重构，并对重构后的未知部分进行逼近。在式（2.10）中，出现的两个重新构造的未知非线性项分别为

$$\frac{f(\boldsymbol{e}^{\mathrm{T}}+\boldsymbol{Y}_{\mathrm{r}}^{\mathrm{T}},\boldsymbol{z})}{g(\boldsymbol{e}^{\mathrm{T}}+\boldsymbol{Y}_{\mathrm{r}}^{\mathrm{T}},\boldsymbol{z})};\quad \frac{1}{g(\boldsymbol{e}^{\mathrm{T}}+\boldsymbol{Y}_{\mathrm{r}}^{\mathrm{T}},\boldsymbol{z})}$$

用在线逼近器对这两个未知非线性项进行在线逼近，进而构造控制律。

2.2.2 控制器设计与闭环系统稳定性分析

根据在线逼近理论，选择合适的基函数ξ，给定一个紧致集$\Omega_{(e+Y_{\mathrm{r}},z)}\subset\mathbf{R}^{n+m}$，则存在$\boldsymbol{\sigma}_1^*$和$\varepsilon_1^*$以及$\boldsymbol{\sigma}_2^*$和$\varepsilon_2^*$，对于任意的$(\boldsymbol{e}^{\mathrm{T}}+\boldsymbol{Y}_{\mathrm{r}}^{\mathrm{T}},\boldsymbol{z})\in\Omega_{(e+Y_{\mathrm{r}},z)}$使得

$$\frac{f(\boldsymbol{e}^{\mathrm{T}}+\boldsymbol{Y}_{\mathrm{r}}^{\mathrm{T}},\boldsymbol{z})}{g(\boldsymbol{e}^{\mathrm{T}}+\boldsymbol{Y}_{\mathrm{r}}^{\mathrm{T}},\boldsymbol{z})}=\boldsymbol{\sigma}_1^{*\mathrm{T}}\xi_1(\boldsymbol{e}^{\mathrm{T}}+\boldsymbol{Y}_{\mathrm{r}}^{\mathrm{T}},\boldsymbol{z})+\varepsilon_1^* \tag{2.11}$$

$$\frac{1}{g(\boldsymbol{e}^{\mathrm{T}}+\boldsymbol{Y}_{\mathrm{r}}^{\mathrm{T}},\boldsymbol{z})}=\boldsymbol{\sigma}_2^{*\mathrm{T}}\xi_2(\boldsymbol{e}^{\mathrm{T}}+\boldsymbol{Y}_{\mathrm{r}}^{\mathrm{T}},\boldsymbol{z})+\varepsilon_2^* \tag{2.12}$$

式中：$|\varepsilon_1^*|\leqslant\varepsilon$，$|\varepsilon_2^*|\leqslant\varepsilon$，$\forall\varepsilon>0$。

给定式（2.9）的控制律为

$$\begin{aligned}v=&-\hat{\boldsymbol{\sigma}}_1^{\mathrm{T}}\xi_1(\boldsymbol{e}^{\mathrm{T}}+\boldsymbol{Y}_{\mathrm{r}}^{\mathrm{T}},\boldsymbol{z})-\hat{\boldsymbol{\sigma}}_2^{\mathrm{T}}\xi_2(\boldsymbol{e}^{\mathrm{T}}+\boldsymbol{Y}_{\mathrm{r}}^{\mathrm{T}},\boldsymbol{z})[\boldsymbol{K}\boldsymbol{e}-y_{\mathrm{r}}^{(n)}]-\mathrm{sign}(\boldsymbol{e}^{\mathrm{T}}\boldsymbol{P}\boldsymbol{b})\varepsilon\\&-\mathrm{sign}(\boldsymbol{e}^{\mathrm{T}}\boldsymbol{P}\boldsymbol{b})\varepsilon\,|\boldsymbol{K}\boldsymbol{e}-y_{\mathrm{r}}^{(n)}|-\mathrm{sign}(\boldsymbol{e}^{\mathrm{T}}\boldsymbol{P}\boldsymbol{b})\frac{\alpha\gamma\boldsymbol{e}^{\mathrm{T}}\boldsymbol{P}\boldsymbol{e}}{2g_{\min}^2(\boldsymbol{e}^{\mathrm{T}}+\boldsymbol{Y}_{\mathrm{r}}^{\mathrm{T}},\boldsymbol{z})}\end{aligned} \tag{2.13}$$

式中：$\alpha\geqslant\dfrac{1}{|\boldsymbol{e}^{\mathrm{T}}\boldsymbol{P}\boldsymbol{b}|}$，为设计参数。

$\hat{\boldsymbol{\sigma}}_1$ 是 $\boldsymbol{\sigma}_1^*$ 的估计且其自适应律为

$$\dot{\hat{\boldsymbol{\sigma}}}_1=\boldsymbol{\Gamma}_1\boldsymbol{e}^{\mathrm{T}}\boldsymbol{P}\boldsymbol{b}\xi_1 \tag{2.14}$$

$\hat{\boldsymbol{\sigma}}_2$ 是 $\boldsymbol{\sigma}_2^*$ 的估计且其自适应律为

$$\dot{\hat{\boldsymbol{\sigma}}}_2=\boldsymbol{\Gamma}_2\boldsymbol{e}^{\mathrm{T}}\boldsymbol{P}\boldsymbol{b}\xi_2(\boldsymbol{K}\boldsymbol{e}-y_{\mathrm{r}}^{(n)}) \tag{2.15}$$

式中：$\boldsymbol{\Gamma}_1$、$\boldsymbol{\Gamma}_2$ 为可调节的常数矩阵，$\boldsymbol{\Gamma}_1=\boldsymbol{\Gamma}_1^{\mathrm{T}}\geqslant0,\boldsymbol{\Gamma}_2=\boldsymbol{\Gamma}_2^{\mathrm{T}}\geqslant0$。

定理 2.1 对于任意 $\boldsymbol{x}(0)$ 和 $\boldsymbol{z}(0)$ 以及 $\boldsymbol{Y}_{\mathrm{r}}$，若 $(\boldsymbol{e}^{\mathrm{T}}+\boldsymbol{Y}_{\mathrm{r}}^{\mathrm{T}},\boldsymbol{z})\in\Omega_{(\boldsymbol{e}^{\mathrm{T}}+\boldsymbol{Y}_{\mathrm{r}}^{\mathrm{T}},\boldsymbol{z})}$，且式（2.4）满足假设 2.1～2.4，在式（2.13）、式（2.14）以及式（2.15）的作用下，构成的闭环系统稳定，系统中所有的信号有界。通过参数调整，跟踪误差可以收敛于 0，即

$$\lim_{t\to\infty}(y(t)-y_{\mathrm{r}}(t))=\lim_{t\to\infty}e_1(t)=0$$

证明：设 $\tilde{\boldsymbol{\sigma}}_1=\boldsymbol{\sigma}_1^*-\hat{\boldsymbol{\sigma}}_1,\tilde{\boldsymbol{\sigma}}_2=\boldsymbol{\sigma}_2^*-\hat{\boldsymbol{\sigma}}_2$。

考虑以下待定 Lyapunov 函数，即

$$V=\frac{\boldsymbol{e}^{\mathrm{T}}\boldsymbol{P}\boldsymbol{e}}{2g(\boldsymbol{e}^{\mathrm{T}}+\boldsymbol{Y}_{\mathrm{r}}^{\mathrm{T}},\boldsymbol{z})}+\frac{1}{2}\tilde{\boldsymbol{\sigma}}_1^{\mathrm{T}}\boldsymbol{\Gamma}_1^{-1}\tilde{\boldsymbol{\sigma}}_1+\frac{1}{2}\tilde{\boldsymbol{\sigma}}_2^{\mathrm{T}}\boldsymbol{\Gamma}_2^{-1}\tilde{\boldsymbol{\sigma}}_2 \tag{2.16}$$

对式（2.16）沿式（2.9）方向上关于时间 t 求导可得

$$\begin{aligned}\dot{V}=&\frac{1}{2g(\boldsymbol{e}^{\mathrm{T}}+\boldsymbol{Y}_{\mathrm{r}}^{\mathrm{T}},\boldsymbol{z})}(\dot{\boldsymbol{e}}^{\mathrm{T}}\boldsymbol{P}\boldsymbol{e}+\boldsymbol{e}^{\mathrm{T}}\boldsymbol{P}\dot{\boldsymbol{e}})-\frac{\dot{g}(\boldsymbol{e}+\boldsymbol{Y}_{\mathrm{r}},\boldsymbol{z})\boldsymbol{e}^{\mathrm{T}}\boldsymbol{P}\boldsymbol{e}}{2g^2(\boldsymbol{e}^{\mathrm{T}}+\boldsymbol{Y}_{\mathrm{r}}^{\mathrm{T}},\boldsymbol{z})}-\tilde{\boldsymbol{\sigma}}_1^{\mathrm{T}}\boldsymbol{\Gamma}_1^{-1}\dot{\hat{\boldsymbol{\sigma}}}_1-\tilde{\boldsymbol{\sigma}}_2^{\mathrm{T}}\boldsymbol{\Gamma}_2^{-1}\dot{\hat{\boldsymbol{\sigma}}}_2\\=&\frac{1}{2g(\boldsymbol{e}^{\mathrm{T}}+\boldsymbol{Y}_{\mathrm{r}}^{\mathrm{T}},\boldsymbol{z})}\boldsymbol{e}^{\mathrm{T}}(\boldsymbol{A}_c^{\mathrm{T}}\boldsymbol{P}+\boldsymbol{P}\boldsymbol{A}_c)\boldsymbol{e}-\frac{\dot{g}(\boldsymbol{e}^{\mathrm{T}}+\boldsymbol{Y}_{\mathrm{r}}^{\mathrm{T}},\boldsymbol{z})\boldsymbol{e}^{\mathrm{T}}\boldsymbol{P}\boldsymbol{e}}{2g^2(\boldsymbol{e}^{\mathrm{T}}+\boldsymbol{Y}_{\mathrm{r}}^{\mathrm{T}},\boldsymbol{z})}+\\&\frac{\boldsymbol{e}^{\mathrm{T}}\boldsymbol{P}\boldsymbol{b}}{g(\boldsymbol{e}^{\mathrm{T}}+\boldsymbol{Y}_{\mathrm{r}}^{\mathrm{T}},\boldsymbol{z})}[\boldsymbol{K}\boldsymbol{e}+f(\boldsymbol{e}^{\mathrm{T}}+\boldsymbol{Y}_{\mathrm{r}}^{\mathrm{T}},\boldsymbol{z})+g(\boldsymbol{e}^{\mathrm{T}}+\boldsymbol{Y}_{\mathrm{r}}^{\mathrm{T}},\boldsymbol{z})v-y_{\mathrm{r}}^{(n)}]-\tilde{\boldsymbol{\sigma}}_1^{\mathrm{T}}\boldsymbol{\Gamma}_1^{-1}\dot{\hat{\boldsymbol{\sigma}}}_1-\tilde{\boldsymbol{\sigma}}_2^{\mathrm{T}}\boldsymbol{\Gamma}_2^{-1}\dot{\hat{\boldsymbol{\sigma}}}_2\end{aligned} \tag{2.17}$$

将式（2.8）、式（2.11）和式（2.12）以及式（2.13）代入式（2.17），可得

$$\begin{aligned}
\dot{V}=&-\frac{1}{2g(\boldsymbol{e}^{\mathrm{T}}+\boldsymbol{Y}_{\mathrm{r}}^{\mathrm{T}},\boldsymbol{z})}\boldsymbol{e}^{\mathrm{T}}\boldsymbol{Q}\boldsymbol{e}+\boldsymbol{e}^{\mathrm{T}}\boldsymbol{P}\boldsymbol{b}[\sigma_1^{*\mathrm{T}}\xi_1(\boldsymbol{e}^{\mathrm{T}}+\boldsymbol{Y}_{\mathrm{r}}^{\mathrm{T}},\boldsymbol{z})+\varepsilon_1^*+\\
&(\sigma_2^{*\mathrm{T}}\xi_2(\boldsymbol{e}^{\mathrm{T}}+\boldsymbol{Y}_{\mathrm{r}}^{\mathrm{T}},\boldsymbol{z})+\varepsilon_2^*)(\boldsymbol{K}\boldsymbol{e}-y_{\mathrm{r}}^{(n)})-\hat{\sigma}_1^{\mathrm{T}}\xi_1(\boldsymbol{e}^{\mathrm{T}}+\boldsymbol{Y}_{\mathrm{r}}^{\mathrm{T}},\boldsymbol{z})-\\
&\hat{\sigma}_2^{\mathrm{T}}\xi_2(\boldsymbol{e}^{\mathrm{T}}+\boldsymbol{Y}_{\mathrm{r}}^{\mathrm{T}},\boldsymbol{z})[\boldsymbol{K}\boldsymbol{e}-y_{\mathrm{r}}^{(n)}]-\mathrm{sign}(\boldsymbol{e}^{\mathrm{T}}\boldsymbol{P}\boldsymbol{b})\varepsilon(1+|\boldsymbol{K}\boldsymbol{e}-y_{\mathrm{r}}^{(n)}|)-\\
&\mathrm{sign}(\boldsymbol{e}^{\mathrm{T}}\boldsymbol{P}\boldsymbol{b})\frac{\alpha\gamma\boldsymbol{e}^{\mathrm{T}}\boldsymbol{P}\boldsymbol{e}}{2g_{\min}^2(\boldsymbol{e}^{\mathrm{T}}+\boldsymbol{Y}_{\mathrm{r}}^{\mathrm{T}},\boldsymbol{z})}]-\frac{\dot{g}(\boldsymbol{e}^{\mathrm{T}}+\boldsymbol{Y}_{\mathrm{r}}^{\mathrm{T}},\boldsymbol{z})\boldsymbol{e}^{\mathrm{T}}\boldsymbol{P}\boldsymbol{e}}{2g^2(\boldsymbol{e}^{\mathrm{T}}+\boldsymbol{Y}_{\mathrm{r}}^{\mathrm{T}},\boldsymbol{z})}-\tilde{\sigma}_1^{\mathrm{T}}\boldsymbol{\Gamma}_1^{-1}\dot{\hat{\sigma}}_1-\tilde{\sigma}_2^{\mathrm{T}}\boldsymbol{\Gamma}_2^{-1}\dot{\hat{\sigma}}_2\\
=&-\frac{1}{2g(\boldsymbol{e}^{\mathrm{T}}+\boldsymbol{Y}_{\mathrm{r}}^{\mathrm{T}},\boldsymbol{z})}\boldsymbol{e}^{\mathrm{T}}\boldsymbol{Q}\boldsymbol{e}+\boldsymbol{e}^{\mathrm{T}}\boldsymbol{P}\boldsymbol{b}[\tilde{\sigma}_1^{\mathrm{T}}\xi_1(\boldsymbol{e}^{\mathrm{T}}+\boldsymbol{Y}_{\mathrm{r}}^{\mathrm{T}},\boldsymbol{z})+\varepsilon_1^*-\mathrm{sign}(\boldsymbol{e}^{\mathrm{T}}\boldsymbol{P}\boldsymbol{b})\varepsilon]+\\
&\boldsymbol{e}^{\mathrm{T}}\boldsymbol{P}\boldsymbol{b}[\tilde{\sigma}_2^{\mathrm{T}}\xi_2(\boldsymbol{e}^{\mathrm{T}}+\boldsymbol{Y}_{\mathrm{r}}^{\mathrm{T}},\boldsymbol{z})(\boldsymbol{K}\boldsymbol{e}-y_{\mathrm{r}}^{(n)})+(\boldsymbol{K}\boldsymbol{e}-y_{\mathrm{r}}^{(n)})\varepsilon_2^*-\mathrm{sign}(\boldsymbol{e}^{\mathrm{T}}\boldsymbol{P}\boldsymbol{b})\varepsilon|\boldsymbol{K}\boldsymbol{e}-y_{\mathrm{r}}^{(n)}|]-\\
&\boldsymbol{e}^{\mathrm{T}}\boldsymbol{P}\boldsymbol{b}\mathrm{sign}(\boldsymbol{e}^{\mathrm{T}}\boldsymbol{P}\boldsymbol{b})\frac{\alpha\gamma(\boldsymbol{e}^{\mathrm{T}}+\boldsymbol{Y}_{\mathrm{r}}^{\mathrm{T}},\boldsymbol{z})}{2g_{\min}^2(\boldsymbol{e}^{\mathrm{T}}+\boldsymbol{Y}_{\mathrm{r}}^{\mathrm{T}},\boldsymbol{z})}\boldsymbol{e}^{\mathrm{T}}\boldsymbol{P}\boldsymbol{e}-\frac{\dot{g}(\boldsymbol{e}^{\mathrm{T}}+\boldsymbol{Y}_{\mathrm{r}}^{\mathrm{T}},\boldsymbol{z})\boldsymbol{e}^{\mathrm{T}}\boldsymbol{P}\boldsymbol{e}}{2g^2(\boldsymbol{e}^{\mathrm{T}}+\boldsymbol{Y}_{\mathrm{r}}^{\mathrm{T}},\boldsymbol{z})}-\tilde{\sigma}_1^{\mathrm{T}}\boldsymbol{\Gamma}_1^{-1}\dot{\hat{\sigma}}_1-\tilde{\sigma}_2^{\mathrm{T}}\boldsymbol{\Gamma}_2^{-1}\dot{\hat{\sigma}}_2\\
=&-\frac{1}{2g}\boldsymbol{e}^{\mathrm{T}}\boldsymbol{Q}\boldsymbol{e}+\tilde{\sigma}_1^{\mathrm{T}}(\boldsymbol{e}^{\mathrm{T}}\boldsymbol{P}\boldsymbol{b}\xi_1(\boldsymbol{e}^{\mathrm{T}}+\boldsymbol{Y}_{\mathrm{r}}^{\mathrm{T}},\boldsymbol{z})-\boldsymbol{\Gamma}_1^{-1}\dot{\hat{\sigma}}_1)+\boldsymbol{e}^{\mathrm{T}}\boldsymbol{P}\boldsymbol{b}[\varepsilon_1^*-\mathrm{sign}(\boldsymbol{e}^{\mathrm{T}}\boldsymbol{P}\boldsymbol{b})\varepsilon]+\\
&\tilde{\sigma}_2^{\mathrm{T}}[\boldsymbol{e}^{\mathrm{T}}\boldsymbol{P}\boldsymbol{b}\xi_2(\boldsymbol{e}^{\mathrm{T}}+\boldsymbol{Y}_{\mathrm{r}}^{\mathrm{T}},\boldsymbol{z})(\boldsymbol{K}\boldsymbol{e}-y_{\mathrm{r}}^{(n)})-\boldsymbol{\Gamma}_2^{-1}\dot{\hat{\sigma}}_2]+\boldsymbol{e}^{\mathrm{T}}\boldsymbol{P}\boldsymbol{b}[(\boldsymbol{K}\boldsymbol{e}-y_{\mathrm{r}}^{(n)})\varepsilon_2^*-\mathrm{sign}(\boldsymbol{e}^{\mathrm{T}}\boldsymbol{P}\boldsymbol{b})\\
&|\boldsymbol{K}\boldsymbol{e}-y_{\mathrm{r}}^{(n)}|\varepsilon]-\boldsymbol{e}^{\mathrm{T}}\boldsymbol{P}\boldsymbol{b}\mathrm{sign}(\boldsymbol{e}^{\mathrm{T}}\boldsymbol{P}\boldsymbol{b})\frac{\alpha\gamma}{2g_{\min}^2(\boldsymbol{e}^{\mathrm{T}}+\boldsymbol{Y}_{\mathrm{r}}^{\mathrm{T}},\boldsymbol{z})}\boldsymbol{e}^{\mathrm{T}}\boldsymbol{P}\boldsymbol{e}-\frac{\dot{g}\boldsymbol{e}^{\mathrm{T}}\boldsymbol{P}\boldsymbol{e}}{2g^2(\boldsymbol{e}^{\mathrm{T}}+\boldsymbol{Y}_{\mathrm{r}}^{\mathrm{T}},\boldsymbol{z})}
\end{aligned}\tag{2.18}$$

由 $|\varepsilon_1^*|\leqslant\varepsilon,|\varepsilon_2^*|\leqslant\varepsilon$, $\forall\varepsilon>0$， $\alpha\geqslant\dfrac{1}{|\boldsymbol{e}^{\mathrm{T}}\boldsymbol{P}\boldsymbol{b}|}$ 以及假设 2.3 可得

$$\boldsymbol{e}^{\mathrm{T}}\boldsymbol{P}\boldsymbol{b}[\varepsilon_1^*-\mathrm{sign}(\boldsymbol{e}^{\mathrm{T}}\boldsymbol{P}\boldsymbol{b})\varepsilon]\leqslant 0$$

$$\boldsymbol{e}^{\mathrm{T}}\boldsymbol{P}\boldsymbol{b}[(\boldsymbol{K}\boldsymbol{e}-y_{\mathrm{r}}^{(n)})\varepsilon_2^*-\mathrm{sign}(\boldsymbol{e}^{\mathrm{T}}\boldsymbol{P}\boldsymbol{b})|\boldsymbol{K}\boldsymbol{e}-y_{\mathrm{r}}^{(n)}|\varepsilon]\leqslant 0$$

$$-\boldsymbol{e}^{\mathrm{T}}\boldsymbol{P}\boldsymbol{b}\mathrm{sign}(\boldsymbol{e}^{\mathrm{T}}\boldsymbol{P}\boldsymbol{b})\frac{\alpha\gamma}{2g_{\min}^2(\boldsymbol{e}^{\mathrm{T}}+\boldsymbol{Y}_{\mathrm{r}}^{\mathrm{T}},\boldsymbol{z})}\boldsymbol{e}^{\mathrm{T}}\boldsymbol{P}\boldsymbol{e}-\frac{\dot{g}(\boldsymbol{e}^{\mathrm{T}}+\boldsymbol{Y}_{\mathrm{r}}^{\mathrm{T}},\boldsymbol{z})\boldsymbol{e}^{\mathrm{T}}\boldsymbol{P}\boldsymbol{e}}{2g^2(\boldsymbol{e}^{\mathrm{T}}+\boldsymbol{Y}_{\mathrm{r}}^{\mathrm{T}},\boldsymbol{z})}\leqslant 0$$

则

$$\begin{aligned}
\dot{V}\leqslant&-\frac{1}{2g(\boldsymbol{e}^{\mathrm{T}}+\boldsymbol{Y}_{\mathrm{r}}^{\mathrm{T}},\boldsymbol{z})}\boldsymbol{e}^{\mathrm{T}}\boldsymbol{Q}\boldsymbol{e}+\tilde{\sigma}_1^{\mathrm{T}}(\boldsymbol{e}^{\mathrm{T}}\boldsymbol{P}\boldsymbol{b}\xi_1(\boldsymbol{e}^{\mathrm{T}}+\boldsymbol{Y}_{\mathrm{r}}^{\mathrm{T}},\boldsymbol{z})-\boldsymbol{\Gamma}_1^{-1}\dot{\hat{\sigma}}_1)+\\
&\tilde{\sigma}_2^{\mathrm{T}}[\boldsymbol{e}^{\mathrm{T}}\boldsymbol{P}\boldsymbol{b}\xi_2(\boldsymbol{e}^{\mathrm{T}}+\boldsymbol{Y}_{\mathrm{r}}^{\mathrm{T}},\boldsymbol{z})(\boldsymbol{K}\boldsymbol{e}-y_{\mathrm{r}}^{(n)})-\boldsymbol{\Gamma}_2^{-1}\dot{\hat{\sigma}}_2]
\end{aligned}\tag{2.19}$$

将式（2.14）和式（2.15）代入式（2.19），可得

$$\dot{V}\leqslant-\frac{1}{2g(\boldsymbol{e}^{\mathrm{T}}+\boldsymbol{Y}_{\mathrm{r}}^{\mathrm{T}},\boldsymbol{z})}\boldsymbol{e}^{\mathrm{T}}\boldsymbol{Q}\boldsymbol{e}\leqslant 0\tag{2.20}$$

根据 Lyapunov 稳定性理论可知系统稳定，系统中所有的信号都是有界的，且系统的跟踪误差可以收敛于 0。

注 2.1 学者 Seshagiri 与达飞鹏等分别在其相关文献中研究过本小节所讨论系统的控制问题。但本节所给控制器设计方法与其文献中控制器设计方法不同，他们所给出的控制器设计方法都需要对函数 $f(\cdot)$、$g(\cdot)$ 进行在线逼近，但

学者 Seshagiri 等将把对控制增益函数 $g(\cdot)$ 的逼近 $\hat{g}(\cdot)$ 作为分母，可能引起控制器奇异；学者达飞鹏等对这一问题有所改进，采用第 1 章中避免控制器奇异方法中的切换方法，对 $\hat{g}(\cdot)$ 的值进行讨论，进而避免了控制器奇异问题，但该方法对函数 $g(\cdot)$ 的逼近不够，使得控制器的自适应性受到一定的影响。本小节通过对重新构造后的不确定非线性项（见式（2.11）和式（2.12））进行逼近，为式（2.1）提出了一种新的控制器设计方法，这种设计方法不但可以避免控制器奇异的问题，而且控制器的自适应性也不会受到影响。

2.3 输入/输出时滞系统的控制器设计

2.3.1 问题描述

经过如同式（2.1）到状态空间式（2.4）的变化，式（2.2）可以用下列状态变量系统表示，即

$$\begin{cases}\dot{x}_i = x_{i+1} \quad 1\leqslant i\leqslant n-1\\ \dot{x}_n = f(\boldsymbol{x}(t),\boldsymbol{z}(t))+g(\boldsymbol{x}(t))v+h(\boldsymbol{x}(t-\tau))\\ \dot{z}_i = z_{i+1} \quad 1\leqslant i\leqslant m-1\\ \dot{z}_m = v\end{cases} \tag{2.21}$$

式中：$v=u^{(m)}(t)$ 为式（2.21）的控制输入；设 $\boldsymbol{x}=[x_1,x_2,x_3,\cdots,x_n]^{\mathrm{T}}$，$\boldsymbol{z}=[z_1,z_2,z_3,\cdots,z_m]^{\mathrm{T}}$，$(\boldsymbol{x},\boldsymbol{z})$ 为系统的状态，状态变量的初始值取值空间为 $Z_0\subset\mathbf{R}^{m+n}$，即 $(\boldsymbol{x}(0),\boldsymbol{z}(0))\in Z_0$。

本小节的研究目的在于设计一个鲁棒自适应控制器，使得式（2.21）稳定，并且其输出 $y(t)$ 能够跟踪给定的信号 $y_{\mathrm{r}}(t)$，即使得输出跟踪误差 $|y(t)-y_{\mathrm{r}}(t)|$ 足够小。

为了进行控制器设计，系统状态、跟踪信号以及未知函数 $g(\cdot)$ 需要满足假设 2.1～假设 2.3。

与 2.2 节相同，假设 2.3 说明 $g(\cdot)$ 的值符号非负即正，不失一般性，本小节中假设 $g(\boldsymbol{x})>0$。

假设 $g(\cdot)>0$ 表明式（2.21）是一个可全状态反馈控制系统，它保证对于所有 $\boldsymbol{x}$，式（2.21）可以定义一个全局形式的系统。特别地，经过以下变量转换，即

$$\begin{aligned}\varpi_i &= z_i - x_{n-m+i} \quad 1\leqslant i\leqslant m-1\\ \varpi_m &= gz_m - x_n\end{aligned}$$

对 ϖ_i 求导可得

$$\begin{cases}\dot{\varpi}_i=\varpi_{i+1}\\ \dot{\varpi}_{m-1}=z_m-x_n\\ \dot{\varpi}_m=\dot{g}z_m-f(\boldsymbol{x},\boldsymbol{z})-h(\boldsymbol{x}(t-\tau))\Big|_{z_i=\varpi_i+x_{n-m+i},z_m=(\varpi_m+x_n)/g}\end{cases}\quad 1\leqslant i<m-2 \tag{2.22}$$

式（2.22）与式（2.21）前 n 个等式构成全局系统。同样，式（2.22）也满足假设 2.4。由假设 2.4 进一步说明，如果 $\boldsymbol{x}$ 有界，那么 $\boldsymbol{z}$ 有界。下面给出系统中时滞部分需要满足的条件：

假设 2.5　未知光滑函数 $h(\boldsymbol{x}(t-\tau))$ 满足 $|h(\boldsymbol{x}(t-\tau))|\leqslant h_{\max}(\boldsymbol{x}(t))$ 。$h_{\max}(\boldsymbol{x}(t)$ 是一个已知函数。

设 $e_1=x_1-y_r,\cdots,e_n=x_n-y_r^{(n-1)}$ ，$\boldsymbol{e}=[e_1,e_2,\cdots,e_n]^{\mathrm{T}}$ 。

变化过程如 2.2.1 小节，则可以得到状态误差动态系统为

$$\dot{\boldsymbol{e}}=\boldsymbol{A}_c\boldsymbol{e}+\boldsymbol{b}[\boldsymbol{K}\boldsymbol{e}+f(\boldsymbol{e}^{\mathrm{T}}+\boldsymbol{Y}_r^{\mathrm{T}},\boldsymbol{z})+h(\boldsymbol{e}^{\mathrm{T}}(t-\tau)+\boldsymbol{Y}_r^{\mathrm{T}})+g(\boldsymbol{e}^{\mathrm{T}}+\boldsymbol{Y}_r^{\mathrm{T}})v-y_r^{(n)}] \tag{2.23}$$

2.3.2　控制器设计与闭环系统稳定性分析

根据第 1 章中得到的在线逼近器的理论，存在紧致集 $\Omega_{(\boldsymbol{e}^{\mathrm{T}}+\boldsymbol{Y}_r^{\mathrm{T}},\boldsymbol{z})}\in\mathbf{R}^{n+m}$ ，对任意的 $(\boldsymbol{e}^{\mathrm{T}}+\boldsymbol{Y}_r^{\mathrm{T}},\boldsymbol{z})\in\Omega_{(\boldsymbol{e}^{\mathrm{T}}+\boldsymbol{Y}_r^{\mathrm{T}},\boldsymbol{z})}$ ，都有 $\boldsymbol{\sigma}_1^*$ 和 ε_1^* ，使得下式成立，即

$$\frac{f(\boldsymbol{e}^{\mathrm{T}}+\boldsymbol{Y}_r^{\mathrm{T}},\boldsymbol{z})}{g(\boldsymbol{e}^{\mathrm{T}}+\boldsymbol{Y}_r^{\mathrm{T}},\boldsymbol{z})}=\boldsymbol{\sigma}_1^{*\mathrm{T}}\xi_1(\boldsymbol{e}^{\mathrm{T}}+\boldsymbol{Y}_r^{\mathrm{T}},\boldsymbol{z})+\varepsilon_1^* \tag{2.24}$$

式中：$|\varepsilon_1^*|\leqslant\varepsilon,\forall\varepsilon>0$ 。

同样地，有

$$\frac{1}{g(\boldsymbol{e}^{\mathrm{T}}+\boldsymbol{Y}_r^{\mathrm{T}},\boldsymbol{z})}=\boldsymbol{\sigma}_2^{*\mathrm{T}}\xi_2(\boldsymbol{e}^{\mathrm{T}}+\boldsymbol{Y}_r^{\mathrm{T}},\boldsymbol{z})+\varepsilon_2^* \tag{2.25}$$

式中：$|\varepsilon_2^*|\leqslant\varepsilon,\forall\varepsilon>0$ 。

系统控制律设计为

$$\begin{aligned}v=&-\hat{\boldsymbol{\sigma}}_1^{\mathrm{T}}\xi_1-\hat{\boldsymbol{\sigma}}_2^{\mathrm{T}}\xi_2(\boldsymbol{K}\boldsymbol{e}-y_r^{(n)})-\mathrm{sign}(\boldsymbol{e}^{\mathrm{T}}\boldsymbol{P}\boldsymbol{b})\varepsilon\\&-\mathrm{sign}(\boldsymbol{e}^{\mathrm{T}}\boldsymbol{P}\boldsymbol{b})\varepsilon\,|\boldsymbol{K}\boldsymbol{e}-y_r^{(n)}|-\mathrm{sign}(\boldsymbol{e}^{\mathrm{T}}\boldsymbol{P}\boldsymbol{b})(\frac{\alpha\gamma\boldsymbol{e}^{\mathrm{T}}\boldsymbol{P}\boldsymbol{e}}{g_{\min}^2}+\frac{h_{\max}}{g_{\min}})\end{aligned} \tag{2.26}$$

式中：$\alpha\geqslant\dfrac{1}{|\boldsymbol{e}^{\mathrm{T}}\boldsymbol{P}\boldsymbol{b}|}$。

$\hat{\boldsymbol{\sigma}}_1$ 为 $\boldsymbol{\sigma}_1^*$ 的估计且其自适应律为

$$\dot{\hat{\boldsymbol{\sigma}}}_1=\boldsymbol{\Gamma}_1\boldsymbol{e}^{\mathrm{T}}\boldsymbol{P}\boldsymbol{b}\xi_1 \tag{2.27}$$

$\hat{\boldsymbol{\sigma}}_2$ 为 $\boldsymbol{\sigma}_2^*$ 的估计且其自适应律为

$$\dot{\hat{\boldsymbol{\sigma}}}_2=\boldsymbol{\Gamma}_2\boldsymbol{e}\boldsymbol{P}\boldsymbol{b}\xi_2(\boldsymbol{K}\boldsymbol{e}-y_r^{(n)}) \tag{2.28}$$

式中：$\boldsymbol{\Gamma}_1$、$\boldsymbol{\Gamma}_2$ 为可调节的常数矩阵，$\boldsymbol{\Gamma}_1=\boldsymbol{\Gamma}_1^{\mathrm{T}}>0,\boldsymbol{\Gamma}_2=\boldsymbol{\Gamma}_2^{\mathrm{T}}>0$ 。

定理 2.2 对于任意 $\boldsymbol{x}(0)$ 和 $\boldsymbol{z}(0)$ 以及 $\boldsymbol{Y}_{\mathrm{r}}$，若 $(\boldsymbol{e}^{\mathrm{T}}+\boldsymbol{Y}_{\mathrm{r}}^{\mathrm{T}},\boldsymbol{z})\in\Omega_{(\boldsymbol{e}^{\mathrm{T}}+\boldsymbol{Y}_{\mathrm{r}}^{\mathrm{T}},\boldsymbol{z})}$，且式（2.2）满足假设 2.1～假设 2.5，在式（2.26）、式（2.27）以及式（2.28）的作用下，所构成的闭环系统稳定，系统中所有的信号有界。通过参数调整，跟踪误差可以收敛到 0，即 $\lim\limits_{t\to\infty}(y(t)-y_{\mathrm{r}}(t))=0$。

证明：由于本定理证明与定理 2.1 证明类似，所以下面给出一个简单的证明过程。

考虑以下待定 Lyapunov 函数，即

$$V=\frac{\boldsymbol{e}^{\mathrm{T}}\boldsymbol{P}\boldsymbol{e}}{2g(\boldsymbol{e}^{\mathrm{T}}+\boldsymbol{Y}_{\mathrm{r}}^{\mathrm{T}},\boldsymbol{z})}+\frac{1}{2}\tilde{\boldsymbol{\sigma}}_1^{\mathrm{T}}\boldsymbol{\Gamma}_1^{-1}\tilde{\boldsymbol{\sigma}}_1+\frac{1}{2}\tilde{\boldsymbol{\sigma}}_2^{\mathrm{T}}\boldsymbol{\Gamma}_2^{-1}\tilde{\boldsymbol{\sigma}}_2 \tag{2.29}$$

对式（2.29）沿式（2.23）方向上关于时间 t 求导可得

$$\begin{aligned}\dot{V}=&-\frac{1}{2g(\boldsymbol{e}^{\mathrm{T}}+\boldsymbol{Y}_{\mathrm{r}}^{\mathrm{T}},\boldsymbol{z})}\boldsymbol{e}^{\mathrm{T}}\boldsymbol{Q}\boldsymbol{e}-\frac{\dot{g}(\boldsymbol{e}^{\mathrm{T}}+\boldsymbol{Y}_{\mathrm{r}}^{\mathrm{T}},\boldsymbol{z})\boldsymbol{e}^{\mathrm{T}}\boldsymbol{P}\boldsymbol{e}}{2g^2(\boldsymbol{e}^{\mathrm{T}}+\boldsymbol{Y}_{\mathrm{r}}^{\mathrm{T}},\boldsymbol{z})}+\frac{\boldsymbol{e}^{\mathrm{T}}\boldsymbol{P}\boldsymbol{b}}{g(\boldsymbol{e}^{\mathrm{T}}+\boldsymbol{Y}_{\mathrm{r}}^{\mathrm{T}},\boldsymbol{z})}[\boldsymbol{K}\boldsymbol{e}+f(\boldsymbol{e}^{\mathrm{T}}+\\&\boldsymbol{Y}_{\mathrm{r}}^{\mathrm{T}},\boldsymbol{z})+h(\boldsymbol{e}^{\mathrm{T}}+\boldsymbol{Y}_{\mathrm{r}}^{\mathrm{T}})+g(\boldsymbol{e}^{\mathrm{T}}+\boldsymbol{Y}_{\mathrm{r}}^{\mathrm{T}},\boldsymbol{z})v-y_{\mathrm{r}}^{(n)}]-\tilde{\boldsymbol{\sigma}}_1^{\mathrm{T}}\boldsymbol{\Gamma}_1^{-1}\dot{\hat{\boldsymbol{\sigma}}}_1-\tilde{\boldsymbol{\sigma}}_2^{\mathrm{T}}\boldsymbol{\Gamma}_2^{-1}\dot{\hat{\boldsymbol{\sigma}}}_2\end{aligned} \tag{2.30}$$

将式（2.24）和式（2.25）以及式（2.26）代入式（2.30），可得

$$\begin{aligned}\dot{V}=&-\frac{1}{2g(\boldsymbol{e}^{\mathrm{T}}+\boldsymbol{Y}_{\mathrm{r}}^{\mathrm{T}},\boldsymbol{z})}\boldsymbol{e}^{\mathrm{T}}\boldsymbol{Q}\boldsymbol{e}+\tilde{\boldsymbol{\sigma}}_1^{\mathrm{T}}(\boldsymbol{e}^{\mathrm{T}}\boldsymbol{P}\boldsymbol{b}\boldsymbol{\xi}_1-\boldsymbol{\Gamma}_1^{-1}\dot{\hat{\boldsymbol{\sigma}}}_1)+\boldsymbol{e}^{\mathrm{T}}\boldsymbol{P}\boldsymbol{b}[\varepsilon_1^*-\mathrm{sign}(\boldsymbol{e}^{\mathrm{T}}\boldsymbol{P}\boldsymbol{b})\varepsilon]+\\&\tilde{\boldsymbol{\sigma}}_2^{\mathrm{T}}[\boldsymbol{e}^{\mathrm{T}}\boldsymbol{P}\boldsymbol{b}\boldsymbol{\xi}_2(\boldsymbol{K}\boldsymbol{e}-y_{\mathrm{r}}^{(n)})-\boldsymbol{\Gamma}_2^{-1}\dot{\hat{\boldsymbol{\sigma}}}_2]+\boldsymbol{e}^{\mathrm{T}}\boldsymbol{P}\boldsymbol{b}[\varepsilon_2^*(\boldsymbol{K}\boldsymbol{e}-y_{\mathrm{r}}^{(n)})-\mathrm{sign}(\boldsymbol{e}^{\mathrm{T}}\boldsymbol{P}\boldsymbol{b})\varepsilon\big|\boldsymbol{K}\boldsymbol{e}-\\&y_{\mathrm{r}}^{(n)}\big|]+\boldsymbol{e}^{\mathrm{T}}\boldsymbol{P}\boldsymbol{b}\left(\frac{h(\boldsymbol{e}^{\mathrm{T}}+\boldsymbol{Y}_{\mathrm{r}}^{\mathrm{T}})}{g(\boldsymbol{e}^{\mathrm{T}}+\boldsymbol{Y}_{\mathrm{r}}^{\mathrm{T}},\boldsymbol{z})}-\mathrm{sign}(\boldsymbol{e}^{\mathrm{T}}\boldsymbol{P}\boldsymbol{b})\frac{h_{\max}(\boldsymbol{e}^{\mathrm{T}}+\boldsymbol{Y}_{\mathrm{r}}^{\mathrm{T}})}{g_{\min}}\right)-\\&\boldsymbol{e}^{\mathrm{T}}\boldsymbol{P}\boldsymbol{b}\,\mathrm{sign}(\boldsymbol{e}^{\mathrm{T}}\boldsymbol{P}\boldsymbol{b})\frac{\alpha\gamma}{2g_{\min}^2}\boldsymbol{e}^{\mathrm{T}}\boldsymbol{P}\boldsymbol{e}-\frac{\dot{g}\boldsymbol{e}^{\mathrm{T}}\boldsymbol{P}\boldsymbol{e}}{2g^2(\boldsymbol{e}^{\mathrm{T}}+\boldsymbol{Y}_{\mathrm{r}}^{\mathrm{T}},\boldsymbol{z})}\end{aligned} \tag{2.31}$$

由 $|\varepsilon_1^*|\leqslant\varepsilon,|\varepsilon_2^*|\leqslant\varepsilon(\forall\varepsilon>0)$，$\alpha\geqslant\dfrac{1}{|\boldsymbol{e}^{\mathrm{T}}\boldsymbol{P}\boldsymbol{b}|}$ 以及假设 2.3 和假设 2.5，可得

$$\boldsymbol{e}^{\mathrm{T}}\boldsymbol{P}\boldsymbol{b}[\varepsilon_1^*-\mathrm{sign}(\boldsymbol{e}^{\mathrm{T}}\boldsymbol{P}\boldsymbol{b})\varepsilon]\leqslant 0$$

$$\boldsymbol{e}^{\mathrm{T}}\boldsymbol{P}\boldsymbol{b}[\varepsilon_2^*(\boldsymbol{K}\boldsymbol{e}-y_{\mathrm{r}}^{(n)})-\mathrm{sign}(\boldsymbol{e}^{\mathrm{T}}\boldsymbol{P}\boldsymbol{b})\varepsilon\,|\,\boldsymbol{K}\boldsymbol{e}-y_{\mathrm{r}}^{(n)}\,|]\leqslant 0$$

$$\boldsymbol{e}^{\mathrm{T}}\boldsymbol{P}\boldsymbol{b}\,\mathrm{sign}(\boldsymbol{e}^{\mathrm{T}}\boldsymbol{P}\boldsymbol{b})\frac{\alpha\gamma}{2g_{\min}^2}\boldsymbol{e}^{\mathrm{T}}\boldsymbol{P}\boldsymbol{e}-\frac{\dot{g}\boldsymbol{e}^{\mathrm{T}}\boldsymbol{P}\boldsymbol{e}}{2g^2(\boldsymbol{e}^{\mathrm{T}}+\boldsymbol{Y}_{\mathrm{r}}^{\mathrm{T}},\boldsymbol{z})}\leqslant 0$$

$$\boldsymbol{e}^{\mathrm{T}}\boldsymbol{P}\boldsymbol{b}\left(\frac{h(\boldsymbol{e}^{\mathrm{T}}+\boldsymbol{Y}_{\mathrm{r}}^{\mathrm{T}})}{g(\boldsymbol{e}^{\mathrm{T}}+\boldsymbol{Y}_{\mathrm{r}}^{\mathrm{T}},\boldsymbol{z})}-\mathrm{sign}(\boldsymbol{e}^{\mathrm{T}}\boldsymbol{P}\boldsymbol{b})\frac{h_{\max}}{g_{\min}}\right)\leqslant 0$$

将式（2.37）和式（2.38）代入式（2.31），可得

$$\dot{V}\leqslant-\frac{1}{2g(\boldsymbol{e}^{\mathrm{T}}+\boldsymbol{Y}_{\mathrm{r}}^{\mathrm{T}},\boldsymbol{z})}\boldsymbol{e}^{\mathrm{T}}\boldsymbol{Q}\boldsymbol{e}\leqslant 0 \tag{2.32}$$

根据 Lyapunov 稳定性理论可知系统稳定，其所有的信号都是有界的，且系统的跟踪误差可以收敛于 0。

注 2.2　学者王丹等所研究系统与本节所研究系统相同，但他们在构造控制器时采用的是 Lyapunov-Krasovskii 方法来消除时滞影响的，需知道未知时滞 τ 的上界。本小节给出的控制器设计方法只需要知道系统中时滞项的上界即可，与学者王丹等给出的控制器设计方法相比存在差异。若知道未知时滞的上界，为了更多地应用已知信息，则可以采用学者王丹等给出的设计方法来进行控制器设计。

2.4　仿真验证

2.4.1　输入/输出型系统控制设计仿真

本小节给出一些例子说明上述控制器设计方法的有效性，考虑以下系统，即

$$y^{(3)} = f(y,\dot{y},\ddot{y},u) + g(y)\dot{u}$$

式中：函数 $f(\cdot)$ 和函数 $g(\cdot)$ 为未知的非线性光滑函数。给定参考跟踪信号为 $y_{\mathrm{r}}(t) = 0.1\sin(t)$。

设 $x_1 = y$、$x_2 = \dot{y}$、$x_3 = \ddot{y}$、$z_1 = u$、$v = \dot{u}$，则系统转化为状态空间形式，即

$$\begin{cases} \dot{x}_1 = x_2 \\ \dot{x}_2 = x_3 \\ \dot{x}_3 = f(y,\dot{y},\ddot{y},z_1) + g(y)v \\ \dot{z}_1 = v \end{cases}$$

为了仿真验证，给出函数 $f(\cdot)$ 和函数 $g(\cdot)$ 的具体形式，即

$$\begin{cases} f = u + y - \ddot{y} + y\dot{y} + \dot{y}^2 + y\ddot{y} \\ g = 1 + y^2 \end{cases}$$

由于 $\boldsymbol{A}_{\mathrm{c}}$ 是赫尔维兹（Hurwitz）矩阵，即矩阵 $\boldsymbol{A}_{\mathrm{c}}$ 的极点位于纵轴的左侧，假设其极点为 $[-3,-4,-5]$，对矩阵 $\boldsymbol{A}_{\mathrm{c}}$ 进行极点配置，可以得到相应的向量 $\boldsymbol{K} = [60,47,12]$。由于 $\boldsymbol{Q} = \boldsymbol{Q}^{\mathrm{T}} > 0$，取 $\boldsymbol{Q} = \boldsymbol{I}$，$\boldsymbol{I}$ 为单位矩阵。通过解方程 $\boldsymbol{A}_{\mathrm{c}}^{\mathrm{T}}\boldsymbol{P} + \boldsymbol{P}\boldsymbol{A}_{\mathrm{c}} = -\boldsymbol{I}$，可以得到矩阵 $\boldsymbol{P}$，即

$$\boldsymbol{P} = \begin{bmatrix} 0.5643 & -0.5 & -0.9048 \\ -0.5 & 0.9048 & -0.5 \\ -0.9048 & -0.5 & 6.5238 \end{bmatrix}$$

$\boldsymbol{\Gamma}_1$、$\boldsymbol{\Gamma}_2$ 为可调节的常数矩阵，$\alpha\gamma$ 为常数，本书设 $\boldsymbol{\Gamma}_1 = \boldsymbol{\Gamma}_2 = 0.001\boldsymbol{I}$，$\alpha\gamma = 50$。根据式（2.13）～式（2.15）分别给出控制律与参数自适应律为

$$v = -\hat{\boldsymbol{\sigma}}_1^{\mathrm{T}}\xi_1(\boldsymbol{e}^{\mathrm{T}} + \boldsymbol{Y}_{\mathrm{r}}^{\mathrm{T}}, z) - \hat{\boldsymbol{\sigma}}_2^{\mathrm{T}}\xi_2(\boldsymbol{e}^{\mathrm{T}} + \boldsymbol{Y}_{\mathrm{r}}^{\mathrm{T}}, z)[\boldsymbol{K}\boldsymbol{e} - y_{\mathrm{r}}^{(n)}] - \mathrm{sign}(\boldsymbol{e}^{\mathrm{T}}\boldsymbol{P}\boldsymbol{b})\varepsilon$$

$$-\text{sign}(e^{\mathrm{T}}\boldsymbol{Pb})\varepsilon\,|\,\boldsymbol{Ke}-y_{\mathrm{r}}^{(n)}\,|-\text{sign}(e^{\mathrm{T}}\boldsymbol{Pb})\frac{50\boldsymbol{e}^{\mathrm{T}}\boldsymbol{Pe}}{2g_{\min}^{2}(\boldsymbol{e}+\boldsymbol{Y}_{\mathrm{r}},z)}$$

$$\dot{\hat{\sigma}}_1=0.001\boldsymbol{Ie}^{\mathrm{T}}\boldsymbol{Pb}\xi$$

$$\dot{\hat{\sigma}}_2=0.001\boldsymbol{Ie}^{\mathrm{T}}\boldsymbol{Pb}\xi_2(\boldsymbol{Ke}-y_{\mathrm{r}}^{(n)})$$

在线逼近器的构造过程中，选用 3 种不同的基函数来构造控制器。3 种基函数分别对应人工神经网络、模糊逻辑系统和小波级数。

1. 人工神经网络

选取定义域包含于$\mathbf{R}^4$的一个高斯函数为基函数，即

$$\xi_j=\frac{1}{\sqrt{2\pi}\sigma}\exp(-\frac{\|x-\varsigma_j\|^2}{2\sigma^2})$$

式中：ς_j为高斯函数的中心；σ为高斯函数的宽度。

RBF 人工神经网络选取 3×3×3×9 个中心点进行在线逼近，得到以下仿真结果：图 2.1 所示为 RBF 人工神经网络输出曲线（虚线）与实际函数曲线（实线）；图 2.2 给出了 RBF 人工神经网络情况下的闭环系统输出曲线（虚线）与参考信号曲线（实线），由图可以看出，系统在$t=2.5\text{s}$输出开始有效地跟踪参考信号，$t=2.5\text{s}$后系统达到稳定；图 2.3 给出了 RBF 人工神经网络情况下的控制输入曲线，由图可以看出，控制输入有界；图 2.4 给出了 RBF 人工神经网络情况下的系统状态误差曲线，说明控制器设计方法的有效性；图 2.5 给出的是 RBF 人工神经网络情况下的系统跟踪误差曲线，系统稳定以后，误差幅值小于 0.001，而跟踪目标的幅值为 0.1，所以误差小于 1%，达到了满意的跟踪效果。

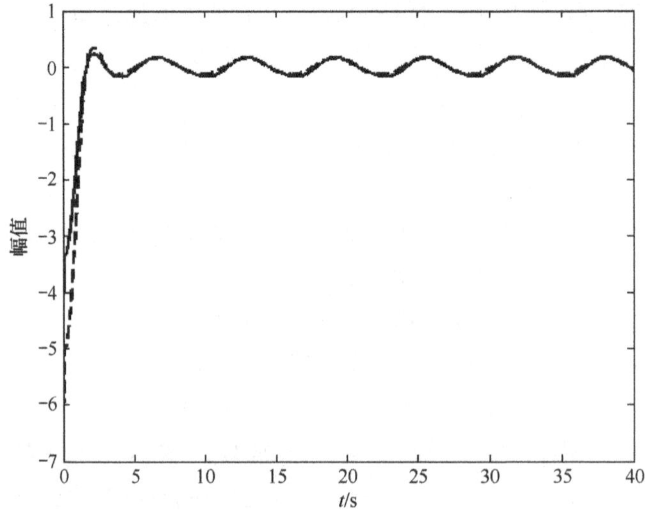

图 2.1 RBF 人工神经网络输出曲线（虚线）与实际函数曲线（实线）

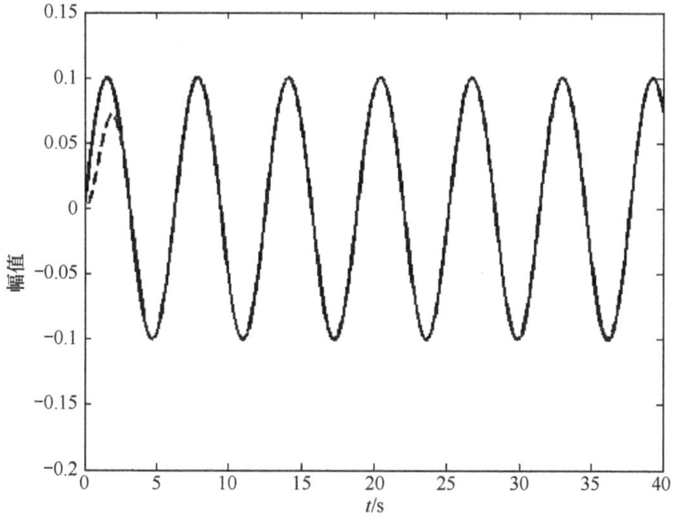

图 2.2　RBF 人工神经系统网络情况下的闭环系统输出曲线（虚线）与参考信号曲线（实线）

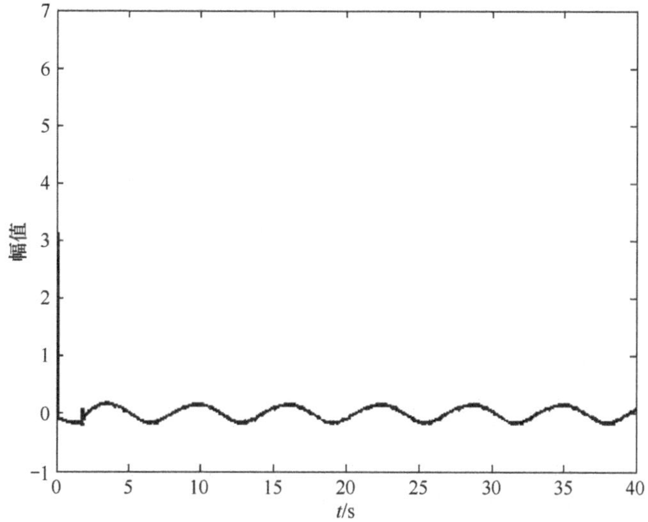

图 2.3　RBF 人工神经网络情况下的控制输入曲线

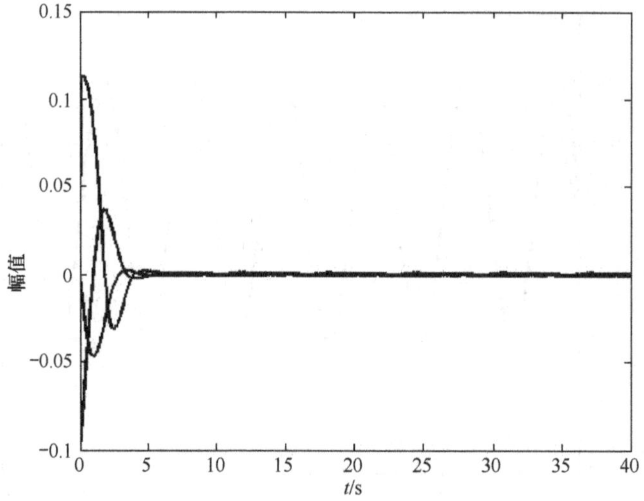

图 2.4 RBF 人工神经网络情况下的系统状态误差曲线

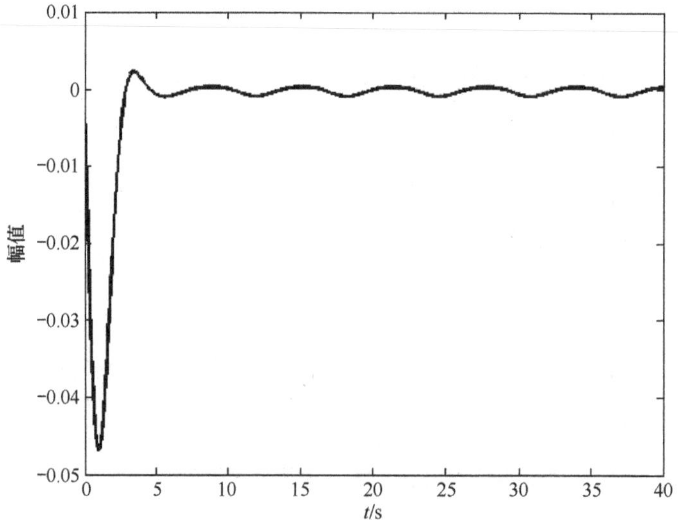

图 2.5 RBF 人工神经网络情况下的跟踪误差曲线

2. 模糊逻辑系统

选取隶属函数为

$$\begin{cases} \mu_i^1 = \exp[-(x-0.2)^2] \\ \mu_i^2 = \exp(-x^2) \\ \mu_i^3 = \exp[-(x+0.2)^2] \end{cases}$$

仿真结果如图 2.6～图 2.10 所示，图 2.6～图 2.10 的表示意义对应于图 2.1～图 2.5，各个图形下面都有解释，在此不再赘述。

3. 小波级数

采用小波级数对系统中的未知部分进行逼近时采用的母函数为

$$\varphi(x) = x\mathrm{e}^{-x^2/2}$$

平移因子为 $a = 0.2 \times j(j=1,2,3)$，伸缩因子为 $b=1$。仿真结果如图 2.11～图 2.15 所示。

将图 2.1～图 2.5、图 2.6～图 2.10 以及图 2.11～图 2.15 进行比较可以发现，虽然用了不同的逼近工具 RBF 人工神经网络、Mamdani 模糊逻辑系统和小波级数，但通过参数调整，得到的结果大致相同。如第 1 章所讲，这 3 种逼近工具有其不同的含义，但其逼近能力从理论上、形式上以及实际应用中是没有多大区别的。甚至其他形式的逼近器，如多层神经网络、T-S 模糊逻辑系统等，除了形式上的不同都可以统称为在线逼近器。

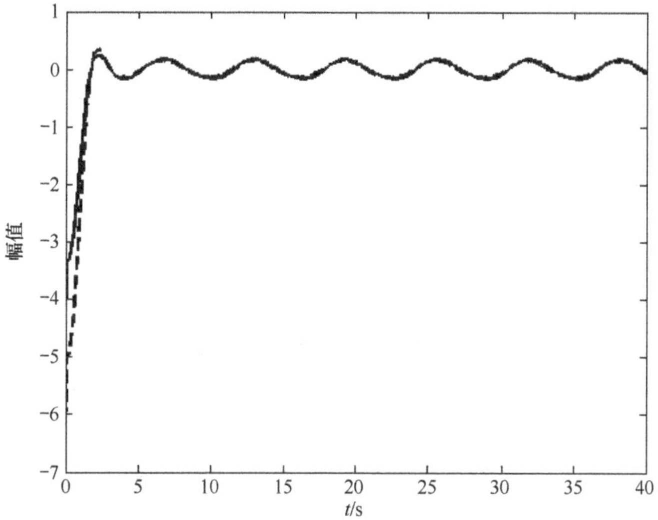

图 2.6　Mamdani 模糊逻辑系统情况下的系统输出曲线（虚线）与实际函数曲线（实线）

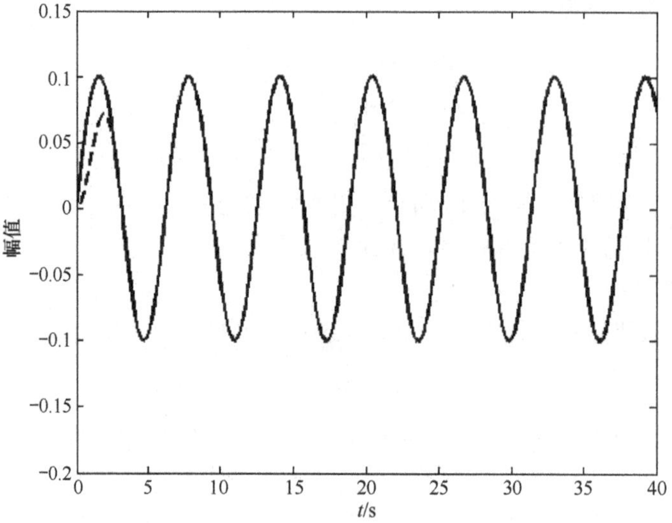

图 2.7 Mamdani 模糊逻辑系统情况下的闭环系统输出曲线（虚线）与参考信号曲线（实线）

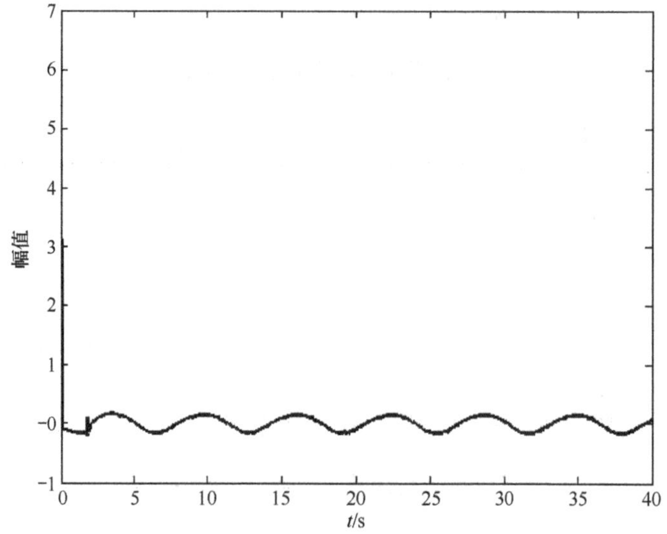

图 2.8 Mamdani 模糊逻辑系统情况下的控制输入曲线

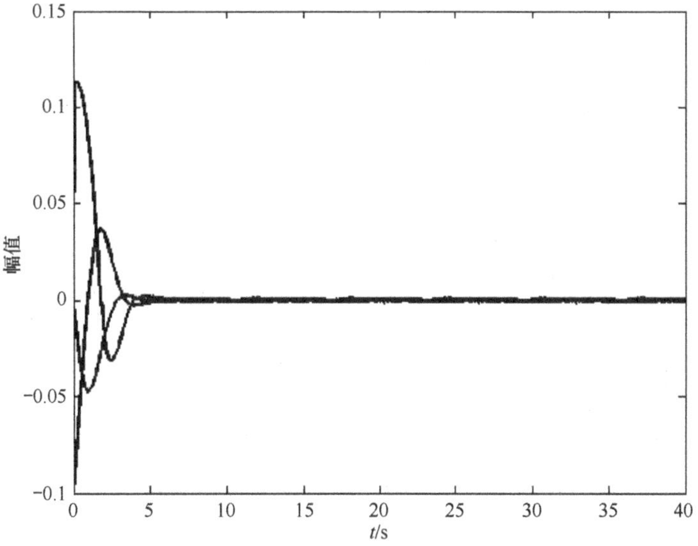

图 2.9　Mamdani 模糊逻辑系统情况下的系统状态误差曲线

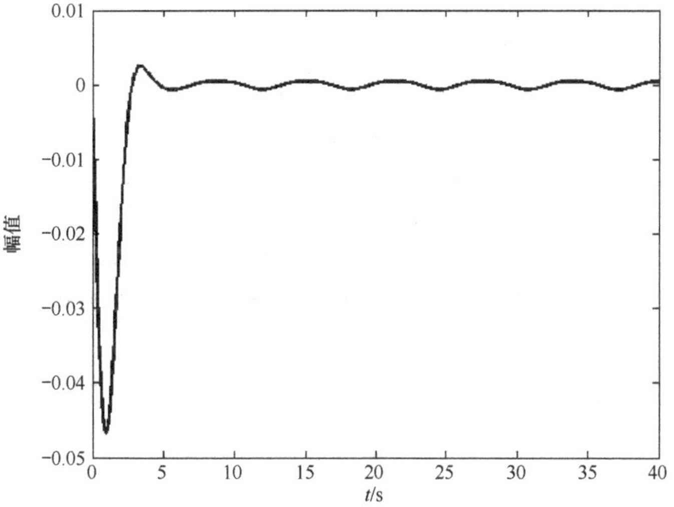

图 2.10　Mamdani 模糊逻辑系统情况下的系统跟踪误差曲线

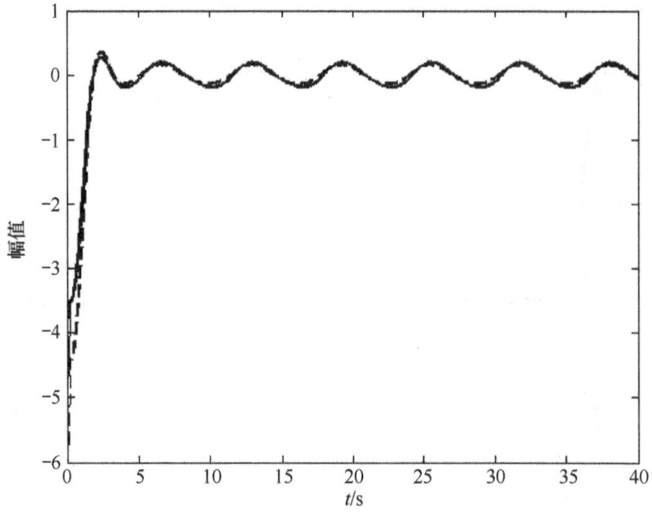

图 2.11　小波级数情况下的系统输出曲线（虚线）与实际函数曲线（实线）

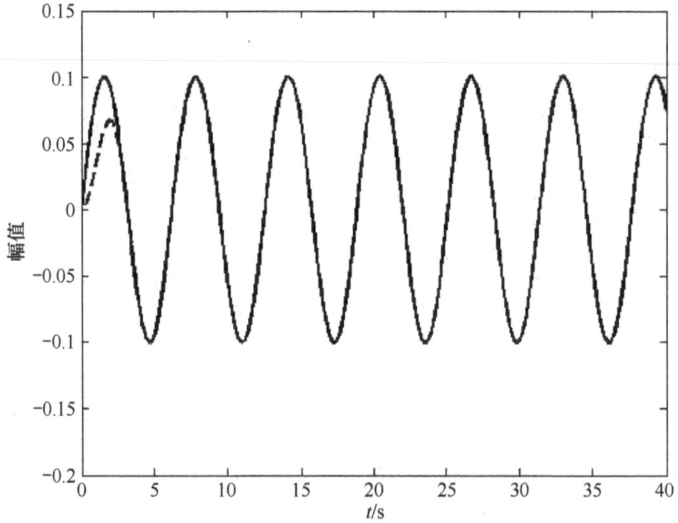

图 2.12　小波级数情况下的闭环系统输出曲线（虚线）与参考信号曲线（实线）

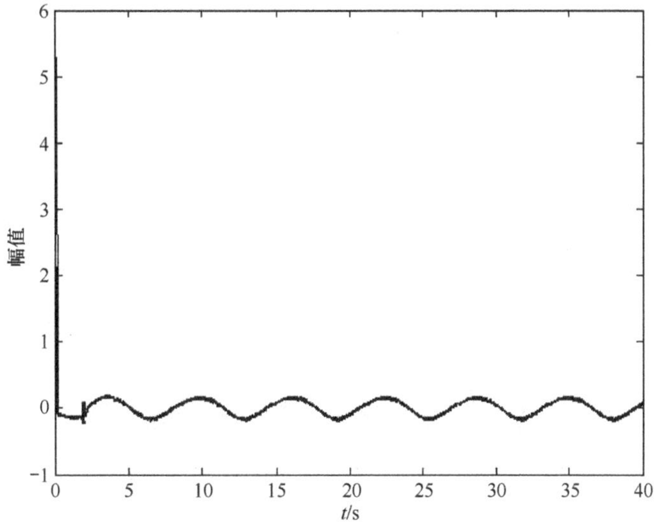

图 2.13　小波级数情况下的控制输入曲线

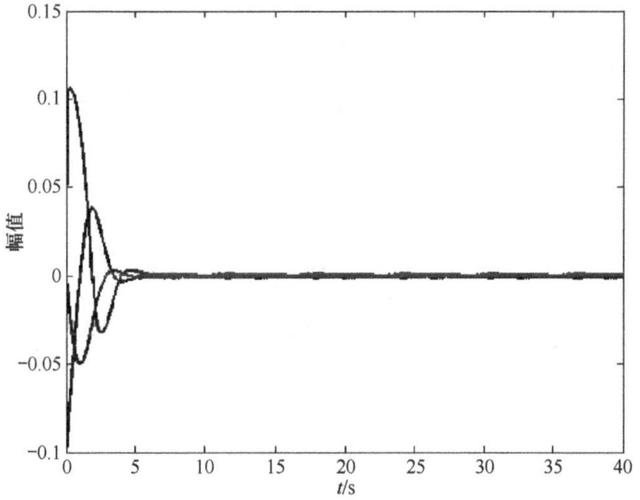

图 2.14　小波级数情况下的系统状态误差曲线

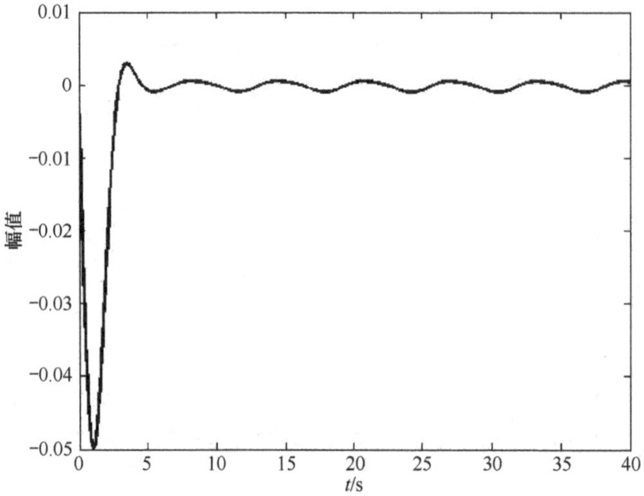

图 2.15　小波级数情况下的系统跟踪误差曲线

2.4.2　输入/输出型时滞系统控制设计仿真

考虑以下非线性系统，即

$$y^{(3)}=f(y,\dot{y},\ddot{y},u)+h(y(t-\tau),\dot{y}(t-\tau),\ddot{y}(t-\tau))+g(y)v \tag{2.33}$$

式中：f、g 及 h 是不确定的光滑函数。下面介绍控制器的设置过程，参考信号为 $y_r(t)=\sin(t)$。

设 $x_1=y$、$x_2=\dot{y}$、$x_3=\ddot{y}$、$z_1=u$、$v=\dot{u}$，根据上述变量转换，式（2.33）可以转化为下列状态空间形式的动态系统，即

$$\begin{cases}\dot{x}_1=x_2\\ \dot{x}_2=x_3\\ \dot{x}_3=f(y,\dot{y},\ddot{y},z_1)+h(y(t-\tau),\dot{y}(t-\tau),\ddot{y}(t-\tau)))+g(y)v\end{cases}$$

为了仿真验证，给出上述系统中函数的具体形式为

$$f=u+y-\ddot{y}+y\dot{y}+\dot{y}^2+y\ddot{y}$$

$$g=2+\cos y$$

$$h=\sin[y(t-\tau_1)\dot{y}(t-\tau_1)]$$

在仿真过程中根据假设 2.3 和假设 2.5 给出相应的数值。$g_{\min}=1,\gamma=1$，$h_{\max}=1$，设计参数选择 $\alpha=10$，$\varepsilon=0.01$，$\boldsymbol{\Gamma}_1=\boldsymbol{\Gamma}_2=0.001\boldsymbol{I}$。初始值设置分别为 $\sigma_1=0$、$\sigma_2=0.1$。

根据相应的常数设计，给出其控制律与自适应律为

$$\begin{aligned} v = &-\hat{\boldsymbol{\sigma}}_1^{\mathrm{T}}\xi_1 - \hat{\boldsymbol{\sigma}}_2^{\mathrm{T}}\xi_2(\boldsymbol{Ke} - y_{\mathrm{r}}^{(n)}) - \mathrm{sign}(\boldsymbol{e}^{\mathrm{T}}\boldsymbol{Pb}) \times 0.01 \\ &- \mathrm{sign}(\boldsymbol{e}^{\mathrm{T}}\boldsymbol{Pb}) | \boldsymbol{Ke} - y_{\mathrm{r}}^{(n)} | \times 0.01 - \mathrm{sign}(\boldsymbol{e}^{\mathrm{T}}\boldsymbol{Pb})(10\boldsymbol{e}^{\mathrm{T}}\boldsymbol{Pe} + 1) \end{aligned}$$

$$\dot{\hat{\boldsymbol{\sigma}}}_1 = 0.001 \times \boldsymbol{e}^{\mathrm{T}}\boldsymbol{Pb}\boldsymbol{\xi}$$

$$\dot{\hat{\boldsymbol{\sigma}}}_2 = 0.001 \times \boldsymbol{e}^{\mathrm{T}}\boldsymbol{Pb}\boldsymbol{\xi}_2(\boldsymbol{Ke} - y_{\mathrm{r}}^{(n)})$$

给出 x_1、x_2、x_3 的隶属度函数，即

$$\begin{aligned} \mu_i^1 &= \exp[-(x-0.2)^2] \\ \mu_i^2 &= \exp[-x^2] \\ \mu_i^3 &= \exp[-(x+0.2)^2] \end{aligned}$$

矩阵 $\boldsymbol{A}_{\mathrm{c}}$ 的特征值取为 $[-3,-4,-5]$，通过极点设置，得到向量 $\boldsymbol{K} = [60, 47, 12]$。设 $\boldsymbol{Q} = \boldsymbol{I}$，$\boldsymbol{I}$ 是单位矩阵，解方程 $\boldsymbol{A}_{\mathrm{c}}^{\mathrm{T}}\boldsymbol{P} + \boldsymbol{P}\boldsymbol{A}_{\mathrm{c}} = -\boldsymbol{I}$，可得

$$\boldsymbol{P} = \begin{bmatrix} 0.5643 & -0.5 & -0.9048 \\ -0.5 & 0.9048 & -0.5 \\ -0.9048 & -0.5 & 6.5238 \end{bmatrix}$$

仿真结果如图 2.16～图 2.19 所示。图 2.16 所示为未知时滞情况下的控制输入曲线；图 2.17 所示为未知时滞情况下的闭环系统输出曲线（虚线）与参考信号曲线（实线）；图 2.18 所示为未知时滞情况下的系统跟踪误差曲线；图 2.19 所示为未知时滞情况下的系统状态误差曲线，图中可以看出控制曲线有界，且在有限时间内系统输出信号很好地跟踪了参考信号，误差信号的幅值满足控制要求。

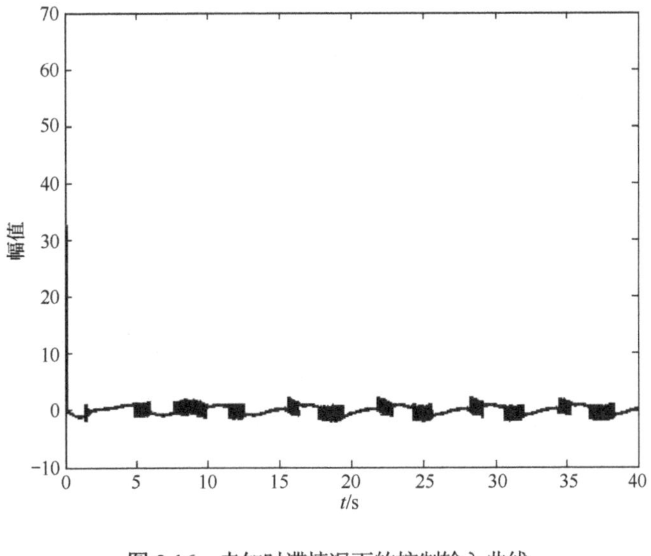

图 2.16　未知时滞情况下的控制输入曲线

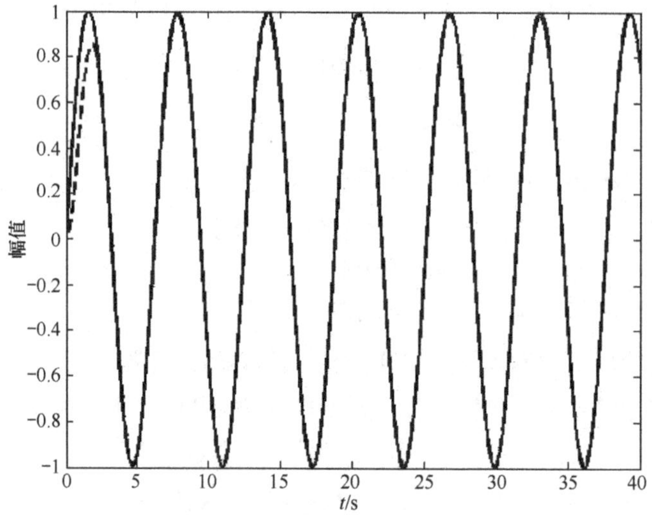

图 2.17　未知时滞情况下的闭环系统输出曲线（虚线）与参考信号曲线（实线）

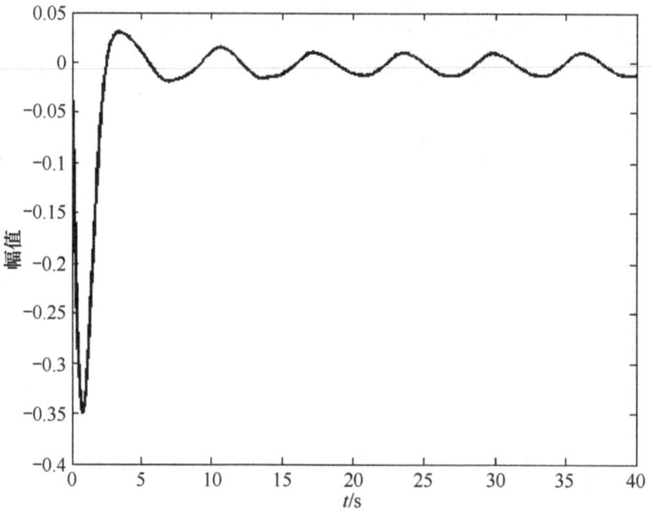

图 2.18　未知时滞情况下的系统跟踪误差曲线

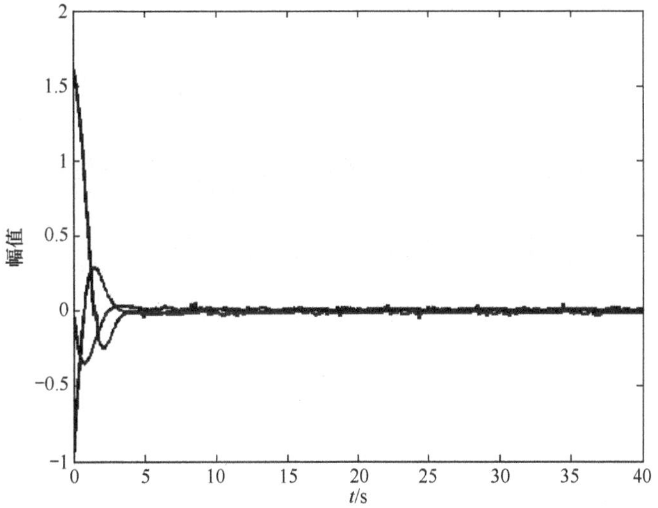

图 2.19　未知时滞情况下的系统状态误差曲线

2.5　小结

在 Khalil、Aloliwi、刘玉生、李兴源、Seshagiri、王丹等工作的基础上，本章研究了一类由输入/输出型系统表示的不确定非线性系统在不包含时滞和包含时滞两种情况下的跟踪控制问题。采用的技术是反馈线性化技术和在线逼近技术，所讨论系统的控制增益为符号已知的未知函数。这种情况下的控制器设计难点是控制器的奇异问题。为了避免该问题，首先重新构造了系统中的未知非线性项，用逼近器对重新构造后的未知项进行在线逼近，进而构造控制器。根据 Lyapunov 稳定性理论给出了闭环系统的稳定性分析，证明了系统在给定的控制器作用下构成的闭环系统是稳定的，而且系统输出可以有效地跟踪参考信号。对于包含时滞的情况，采用鲁棒控制方法用一个给定的上界将时滞部分抵消，进而给出系统的控制器。仿真结果表明，本书提出的控制器设计方法是有效的。

第 3 章　控制方向未知的输入/输出型不确定非线性系统的自适应控制

3.1　引言

第 2 章中的内容是在系统的控制增益符号已知的情况下讨论的，即在式（2.1）中，函数 $g(\cdot)$ 的符号，也就是说控制方向假设是已知的（函数 $g(\cdot)$ 的符号称为控制方向）。但是在实际问题中，状态初始值选取可能导致系统的控制增益函数的符号未知，造成系统控制方向的不确定。由于控制方向不确定，假设控制方向已知时给出的控制器设计方法不再适用。因此，对系统的控制增益符号（控制方向）不确定情况下系统的控制器设计研究具有重要的理论意义和实际意义。

如第 1 章所述，Nussbaum 控制增益技术不但可以用于解决系统控制方向未知情况下的控制器构造问题，而且由于在构造控制器时不需要对控制增益部分进行在线逼近，所以同时也避免了控制增益逼近时带来的控制器奇异问题。与第 2 章相比，本章采用 Nussbaum 控制增益技术，降低了对系统已知信息的要求。

在第 2 章工作的基础上，本章主要考虑了一类控制方向未知的不确定输入输出型系统在不包含时滞和包含时滞两种情况下的跟踪控制问题。3.2 节讨论了控制增益符号未知的不确定系统控制器设计过程，通过利用在线逼近器对系统中的未知非线性部分进行在线逼近，结合 Nussbaum 控制增益技术以及反馈线性化方法给出了所讨论系统的自适应控制器设计方法，利用 Lyapunov 稳定性理论证明了由所给控制器以及原系统组成的闭环系统是一致最终有界的。3.3 节考虑了所讨论系统中包含时滞情况下的跟踪控制问题，采用 Nussbaum 控制增益技术以及 Lyapunov-Krasovskii 方法进行控制器构造，给出的控制器能够消除时滞作用的影响且使得系统一致最终有界。仿真部分给出示例说明本章控制器设计方法的可行性。

3.2　控制方向未知系统控制器设计

3.2.1　问题描述

考虑以下一类单输入单输出系统，即

$$\begin{aligned} y^{(n)} = & f(y(t),\dot{y}(t),\cdots,y^{(n-1)}(t),u(t),\dot{u}(t),\cdots,u^{(m-1)}(t)) + \\ & g(y(t),\dot{y}(t),\cdots,y^{(n-1)}(t),u(t),\dot{u}(t),\cdots,u^{(m-1)}(t))u^{(m)}(t) \end{aligned} \tag{3.1}$$

式中：y 为系统输出；$y^{(i)}$ 为 y 的 $i(1\leqslant i\leqslant n)$ 阶导数；u 为系统的控制输入；$u^{(j)}$ 为 u 的 $j(1\leqslant j\leqslant m)$ 阶导数；函数 f 、g 为不确定的连续且光滑非线性函数，f 可以包含未建模项和不确定项以及连续的扰动项，$g\neq 0$ 。下面首先给出本章要用到的定义和引理。

定义 3.1　给定一个非线性系统，即

$$\begin{cases} \dot{x} = f(\boldsymbol{x},t) \\ y = h(\boldsymbol{x},t) \quad \boldsymbol{x}\in\mathbf{R}^n, t\geqslant t_0 \end{cases} \tag{3.2}$$

如果存在一个紧致集 $U\in\mathbf{R}^n$ ，对于所有的 $x(t_0)=x_0\in U$ ，存在一个 $\delta>0$ 和 $T(\delta,x_0)$ 使得当 $t\geqslant t_0+T(\delta,x_0)$ 时，有 $\|\boldsymbol{x}(t)\|<\delta$ ，就说式（3.2）的解是一致最终有界的。

引理 3.1（Barbalat 引理）　设定义域在 $[0,\infty)$ 上的一致连续函数 $\phi:\mathbf{R}\to\mathbf{R}$ ，若 $\lim\limits_{t\to\infty}\int_0^t\phi(\tau)\mathrm{d}\tau$ 存在且有界，则 $\phi(t)\to 0, t\to\infty$ 。

为了给式（3.1）进行状态反馈控制器设计，需要将该系统转化为状态空间表达形式，设

$$\begin{cases} x_1 = y,\ \ x_2 = \dot{y},\cdots,x_n = y^{(n-1)} \\ z_1 = u,\ \ z_2 = \dot{u},\cdots,z_m = u^{(m-1)} \end{cases} \tag{3.3}$$

经上述变换，式（3.1）可以转化为状态空间的形式为

$$\begin{cases} \dot{x}_i = x_{i+1} \quad 1\leqslant i\leqslant n-1 \\ \dot{x}_n = f(\boldsymbol{x}(t),\boldsymbol{z}(t)) + g(\boldsymbol{x}(t),\boldsymbol{z}(t))v \\ \dot{z}_j = z_{j+1} \quad 1\leqslant j\leqslant m-1 \\ \dot{z}_m = v \end{cases} \tag{3.4}$$

式中：$\boldsymbol{x}(t)=[x_1(t),x_2(t),\cdots,x_n(t)]$ ；$\boldsymbol{z}(t)=[z_1(t),z_2(t),\cdots,z_m(t)]$ ；$(\boldsymbol{x},\boldsymbol{z})$ 为状态变量；v 为系统的输入。状态变量的初始值取值空间为 $Z_0\subset\mathbf{R}^{m+n}$ ，即 $(\boldsymbol{x}(0),\boldsymbol{z}(0))\in Z_0$ 。

本小节的研究目的在于设计一个鲁棒自适应控制器，使得满足本小节假设的系统式（3.4）一致最终有界，即闭环系统中的所有信号一致最终有界。给定满足

下列假设条件的参考信号 y_{r}，设 $e_1 = x_1 - y_{\mathrm{r}}$， $e_2 = x_2 - \dot{y}_{\mathrm{r}}$， …， $e_n = x_n - y_{\mathrm{r}}^{(n-1)}$， $\boldsymbol{e} = [e_1, e_2, \cdots, e_n]^{\mathrm{T}}$。

定义状态误差 $\boldsymbol{e}$ 的一个衡量指标变量 e_{f}，其形式为

$$e_{\mathrm{f}} = \left(\frac{\mathrm{d}}{\mathrm{d}t} + \beta\right)^{n-1} e_1 = [\boldsymbol{\Lambda} \quad 1]\boldsymbol{e} \tag{3.5}$$

式中：β 为一个设计常数，$\beta > 0$；矩阵 $\boldsymbol{\Lambda}$ 的表达式为

$$\boldsymbol{\Lambda} = [\beta^{n-1}, (n-1)\beta^{n-2}, \frac{(n-1)(n-2)}{2!}\beta^{n-3}, \cdots, (n-1)\beta]^{\mathrm{T}} \tag{3.6}$$

根据式（3.5）及式（3.6）由学者 Slotine 等的相关文献可知，若 e_{f} 有界，则 $\boldsymbol{e}$ 有界。也就是说，只要证明 e_{f} 有界，就可以达到控制器设计目的，闭环系统一致最终有界。

对式（3.5）求导并由式（3.4）可得

$$\dot{e}_{\mathrm{f}} = f(\boldsymbol{x}, \boldsymbol{z}) + g(\boldsymbol{x}, \boldsymbol{z})v + \alpha - y_{\mathrm{r}}^{(n)} \tag{3.7}$$

式中：$\alpha = [0 \quad \boldsymbol{\Lambda}^{\mathrm{T}}]\boldsymbol{e}$。

为了给出系统的跟踪控制器，首先对系统进行以下假设。

假设 3.1 式（3.4）的状态可测。

假设 3.2 参考信号 y_{r} 有界，且 $i(1 \leqslant i \leqslant n)$ 阶导数有界，n 阶导数 $y_{\mathrm{r}}^{(n)}$ 至少分段连续。

基于假设 3.2，定义向量 $\boldsymbol{Y}_{\mathrm{r}} = [y_{\mathrm{r}}, \dot{y}_{\mathrm{r}}, \cdots, y_{\mathrm{r}}^{(n-1)}]^{\mathrm{T}}$。式（3.7）中状态 $\boldsymbol{z}$ 的有界判别跟第 2 章的判别方法一样，只要状态变量 $\boldsymbol{x}$ 有界，就可以得到 $\boldsymbol{z}$ 有界的结论。

3.2.2 控制器设计与闭环系统的稳定性分析

根据在线逼近理论，存在紧致集 $\Omega_{(\boldsymbol{e}^{\mathrm{T}} + \boldsymbol{Y}_{\mathrm{r}}^{\mathrm{T}}, \boldsymbol{z})} \in \mathbf{R}^{n+m}$（$\boldsymbol{Y}_{\mathrm{r}}$ 的定义见第 2 章），选择合适的基函数 ξ，对任意的 $(\boldsymbol{e}^{\mathrm{T}} + \boldsymbol{Y}_{\mathrm{r}}^{\mathrm{T}}, \boldsymbol{z}) \in \Omega_{(\boldsymbol{e}^{\mathrm{T}} + \boldsymbol{Y}_{\mathrm{r}}^{\mathrm{T}}, \boldsymbol{z})}$，都有 $\boldsymbol{\theta}^*$ 和 ε^*，使得下式成立，即

$$f(\boldsymbol{e}^{\mathrm{T}} + \boldsymbol{Y}_{\mathrm{r}}^{\mathrm{T}}, \boldsymbol{z}) + \alpha = \boldsymbol{\theta}^{*\mathrm{T}}\xi(\boldsymbol{e}^{\mathrm{T}} + \boldsymbol{Y}_{\mathrm{r}}^{\mathrm{T}}, \boldsymbol{z}) + \varepsilon^* \tag{3.8}$$

式中：$|\varepsilon^*| \leqslant \varepsilon, \forall \varepsilon > 0$。

系统控制律设计为

$$v = N(\zeta)(\hat{\boldsymbol{\theta}}^{\mathrm{T}}\xi - y_{\mathrm{r}}^{(n)} + ke_{\mathrm{f}}) \tag{3.9}$$

式中：$\dot{\zeta} = \hat{\boldsymbol{\theta}}^{\mathrm{T}}\xi e_{\mathrm{f}} - y_{\mathrm{r}}^{(n)}e_{\mathrm{f}} + ke_{\mathrm{f}}^2$；$k$ 为一个可设计常数（$k > 0$）。

$\hat{\boldsymbol{\theta}}$ 是 $\boldsymbol{\theta}^*$ 的估计且其自适应律为

$$\dot{\hat{\boldsymbol{\theta}}} = \boldsymbol{\Gamma}(e_{\mathrm{f}}\xi - \mu\hat{\boldsymbol{\theta}}) \tag{3.10}$$

式中：$\boldsymbol{\Gamma}$ 为可设计的常数矩阵 $\boldsymbol{\Gamma} = \boldsymbol{\Gamma}^{\mathrm{T}} \geqslant 0$；$\mu$ 为可设计常数 $(\mu > 0)$。

定理 3.1 对于给定 $\boldsymbol{x}(0)$ 和 $\boldsymbol{z}(0)$ 以及 $\boldsymbol{Y}_{\mathrm{r}}$，若 $(\boldsymbol{e}^{\mathrm{T}}+\boldsymbol{Y}_{\mathrm{r}}^{\mathrm{T}},\boldsymbol{z})\in\boldsymbol{\Omega}_{(\boldsymbol{e}^{\mathrm{T}}+\boldsymbol{Y}_{\mathrm{r}}^{\mathrm{T}},\boldsymbol{z})}$，如果式（3.4）满足假设 3.1 和假设 3.2，那么由式（3.9）和式（3.10）与式（3.4）所构成的闭环系统一致最终有界，即系统中所有的信号一致最终有界。

证明： 设 $\tilde{\theta}=\theta^{*}-\hat{\theta}$

考虑以下待定 Lyapunov 函数，即

$$V=\frac{e_{\mathrm{f}}^{2}}{2}+\frac{\tilde{\theta}^{\mathrm{T}}\boldsymbol{\Gamma}^{-1}\tilde{\theta}}{2} \tag{3.11}$$

对式（3.11）求关于时间 t 的导数，得

$$\dot{V}=e_{\mathrm{f}}\dot{e}_{\mathrm{f}}-\tilde{\theta}^{\mathrm{T}}\boldsymbol{\Gamma}^{-1}\dot{\hat{\theta}}=e_{\mathrm{f}}(f+gv-y_{\mathrm{r}}^{(n)}+\alpha)-\tilde{\theta}^{\mathrm{T}}\boldsymbol{\Gamma}^{-1}\dot{\hat{\theta}} \tag{3.12}$$

将式（3.8）以及控制律 v 以及 $\dot{\zeta}$ 代入式（3.12），可得

$$\begin{aligned}\dot{V}&=e_{\mathrm{f}}[f+gN(\zeta)(\hat{\theta}^{\mathrm{T}}\boldsymbol{\xi}-y_{\mathrm{r}}^{(n)}+ke_{\mathrm{f}})-y_{\mathrm{r}}^{(n)}+\alpha]-\tilde{\theta}^{\mathrm{T}}\boldsymbol{\Gamma}^{-1}\dot{\hat{\theta}}\\&=e_{\mathrm{f}}(\theta^{*\mathrm{T}}\boldsymbol{\xi}+\varepsilon^{*})-e_{\mathrm{f}}y_{\mathrm{r}}^{(n)}+gN(\zeta)\dot{\zeta}+\dot{\zeta}-\dot{\zeta}-\tilde{\theta}^{\mathrm{T}}\boldsymbol{\Gamma}^{-1}\dot{\hat{\theta}}\\&=-ke_{\mathrm{f}}^{2}+e_{\mathrm{f}}\varepsilon^{*}+e_{\mathrm{f}}\tilde{\theta}^{\mathrm{T}}\boldsymbol{\xi}+(gN(\zeta)+1)\dot{\zeta}-\tilde{\theta}^{\mathrm{T}}\boldsymbol{\Gamma}^{-1}\dot{\hat{\theta}}\end{aligned} \tag{3.13}$$

根据 $2ab\leqslant a^{2}+b^{2}$ 可得 $e_{\mathrm{f}}\varepsilon^{*}\leqslant e_{\mathrm{f}}^{2}+\frac{1}{4}\varepsilon^{2}$，则

$$\begin{aligned}\dot{V}&\leqslant-(k-1)e_{\mathrm{f}}^{2}+\frac{\varepsilon^{2}}{4}+e_{\mathrm{f}}\tilde{\theta}^{\mathrm{T}}\boldsymbol{\xi}+(gN(\zeta)+1)\dot{\zeta}-\tilde{\theta}^{\mathrm{T}}\boldsymbol{\Gamma}^{-1}\dot{\hat{\theta}}\\&\leqslant-(k-1)e_{\mathrm{f}}^{2}+\frac{\varepsilon^{2}}{4}+(gN(\zeta)+1)\dot{\zeta}-\tilde{\theta}^{\mathrm{T}}(\boldsymbol{\Gamma}^{-1}\dot{\hat{\theta}}-e_{\mathrm{f}}\boldsymbol{\xi})\end{aligned} \tag{3.14}$$

将式（3.10）代入式（3.14），可得

$$\dot{V}\leqslant-(k-1)e_{\mathrm{f}}^{2}+\frac{\varepsilon^{2}}{4}+(gN(\zeta)+1)\dot{\zeta}-\mu\tilde{\theta}^{\mathrm{T}}\dot{\hat{\theta}} \tag{3.15}$$

注意到，$2\tilde{\theta}^{\mathrm{T}}\hat{\theta}\geqslant\|\tilde{\theta}\|^{2}-\|\theta^{*}\|^{2}$，由式（3.15）可得

$$\begin{aligned}\dot{V}&\leqslant-(k-1)e_{\mathrm{f}}^{2}+\frac{\varepsilon^{2}}{4}+(gN(\zeta)+1)\dot{\zeta}-\frac{\mu}{2}\|\tilde{\theta}\|^{2}+\frac{\mu}{2}\|\theta^{*}\|^{2}\\&\leqslant-(k-1)e_{\mathrm{f}}^{2}+\frac{\varepsilon^{2}}{4}+(gN(\zeta)+1)\dot{\zeta}^{2}-\frac{\mu}{2\lambda_{\max}(\boldsymbol{\Gamma}^{-1})}\tilde{\theta}^{\mathrm{T}}\boldsymbol{\Gamma}^{-1}\tilde{\theta}+\frac{\mu}{2}\|\theta^{*}\|^{2}\end{aligned} \tag{3.16}$$

式中：$\lambda_{\max}(\boldsymbol{\Gamma}^{-1})$ 为矩阵 $\boldsymbol{\Gamma}^{-1}$ 的最大特征值。

定义常数 δ、η，其表达式为

$$\delta=\min\{k-1,\frac{\mu}{2\lambda_{\max}(\boldsymbol{\Gamma}^{-1})}\} \tag{3.17}$$

$$\eta=\frac{\varepsilon^{2}}{4}+\frac{\mu}{2}\|\theta^{*}\|^{2} \tag{3.18}$$

因此，可以得到

$$\dot{V} \leqslant -\delta V + (gN(\zeta)+1)\dot{\zeta} + \eta \tag{3.19}$$

式（3.19）左右两边同乘以 $e^{\delta t}$ 可得

$$(Ve^{\delta t})' \leqslant e^{\delta t}[(gN(\zeta)+1)\dot{\zeta} + \eta] \tag{3.20}$$

式（3.20）在 $[0,t]$ 上积分，可得

$$V(t) \leqslant V(0) + \frac{\eta}{\delta} + e^{-\delta t}\int_0^t e^{\delta t}(gN(\zeta)+1)\dot{\zeta}d\tau \tag{3.21}$$

由于函数 g 满足引理 1.3 中条件，根据引理 1.3 可以知道 $V(t)$, $\zeta(t)$ 和 $\int_0^t (gN(\zeta)+1)\dot{\zeta}d\tau$ 在区间 $[0,t_f)$ 有界，设 $\int_0^t (gN(\zeta)+1)\dot{\zeta}d\tau$ 在区间 $[0,t_f)$ 上的界为 A，即 $|\int_0^t (gN(\zeta)+1)\dot{\zeta}d\tau| \leqslant A$，则

$$\begin{aligned} e^{-\delta t}\int_0^t e^{\delta \tau}(gN(\zeta)+1)\dot{\zeta}d\tau &\leqslant \int_0^t e^{-\delta(t-\tau)}|(gN(\zeta)+1)\dot{\zeta}|d\tau \\ &\leqslant \int_0^t |(gN(\zeta)+1)\dot{\zeta}|d\tau \leqslant A \end{aligned} \tag{3.22}$$

所以，A 也是 $e^{-\delta t}\int_0^t e^{\delta t}(gN(\zeta)+1)\dot{\zeta}d\tau$ 在区间 $[0,t_f)$ 上的上界，则

$$V(t) \leqslant V(0) + \frac{\eta}{\delta} + A \tag{3.23}$$

根据函数 V 的定义可知，$|e_f| \leqslant \sqrt{2V(0)+\frac{\eta}{\delta}+A}$，因此可以得到以下结论：$e_f$ 在区间 $[0,t_f)$ 上有界。根据学者 Ryan 等的相关文献可知，当闭环系统中的变量有界的时候，$t_f = \infty$，因此，闭环系统一致最终有界。

用另一种方法，也可以得到相同的结论，由于 $\int_0^t (gN(\zeta)+1)\dot{\zeta}d\tau$ 在 $[0,\infty)$ 上有界，根据引理 3.1（Barblat 引理）可知，$(gN(\zeta)+1)\dot{\zeta} \to 0, t \to +\infty$。因此存在 T、N，当 $t \geqslant T$ 时，有 $(gN(\zeta)+1)\dot{\zeta} \leqslant N$，根据式（3.19）可得

$$\dot{V} \leqslant -\delta V + N + \eta \tag{3.24}$$

当 $V \geqslant \frac{N+\eta}{\delta}$ 时，有 $\dot{V} \leqslant 0$，即集合 $V \geqslant \frac{N+\eta}{\delta}$ 是所讨论系统在给定控制律下的一个子集，当初始值在该集合内时，该变量的运动轨迹会一直保留在该集合内，也就是说，该变量一致最终有界，这样就可以得到所讨论系统在给定控制律的作用下是一致最终有界的。

注 3.1 本章主要对一类控制方向未知的输入/输出型系统的控制问题进行了研究，所考虑系统与学者 Seshagiri、达飞鹏等相关文献中所考虑系统相同。本小节考虑的系统控制方向未知情况下的控制器设计方法，给出的控制器设计方法适用范围更广泛。与此同时，由于设计过程中采用了 Nussbaum 控制增益技术，避免了控制器奇异的问题。

3.3　控制方向未知的非线性时滞系统控制器设计

3.3.1　问题描述

考虑以下一类单输入单输出系统，即

$$\begin{aligned} y^{(n)} &= f(y(t),\dot{y}(t),\cdots,y^{(n-1)}(t),u(t),\dot{u}(t),\cdots,u^{(m-1)}(t))+ \\ &\quad g(y(t),\dot{y}(t),\cdots,y^{(n-1)}(t),u(t),\dot{u}(t),\cdots,u^{(m-1)}(t))u^{(m)}(t)+ \\ &\quad h(y(t-\tau),\dot{y}(t-\tau),\cdots,y^{(n-1)}(t-\tau)) \end{aligned} \tag{3.25}$$

式中：y 为输出；$y^{(i)}(i=1,2,3,\cdots,n)$ 为 y 的 i 阶导数；u 为控制输入；函数 f、g 和 h 为不确定的光滑非线性函数，且函数 $g(\cdot)\neq 0$，函数 f 可以包含未建模项和不确定项以及连续的扰动项；τ 为未知时滞。

首先通过变量代换，将系统转化为状态空间动态系统，然后得到状态空间动态系统为（具体变换过程见第 2 章）

$$\begin{cases} \dot{x}_i = x_{i+1} & 1\leqslant i\leqslant n-1 \\ \dot{x}_n = f(\boldsymbol{x}(t),\boldsymbol{z}(t))+g(\boldsymbol{x}(t))v+h(\boldsymbol{x}(t-\tau)) \\ \dot{z}_i = z_{i+1} & 1\leqslant i\leqslant m-1 \\ \dot{z}_m = v \end{cases} \tag{3.26}$$

本小节研究目的在于设计一个鲁棒自适应控制器，使得满足本小节假设的系统式（3.26）一致最终有界。给定参考信号 y_{r}，设

$$e_1 = x_1 - y_{\mathrm{r}}, e_2 = x_2 - \dot{y}_{\mathrm{r}},\cdots,e_n = x_n - y_{\mathrm{r}}^{(n-1)}，\quad \boldsymbol{e}=[e_1,e_2,\cdots,e_n]^{\mathrm{T}}$$

定义衡量指标变量 e_{f}，其结构如式（3.5），对 e_{f} 求导并由式（3.26）可得

$$\dot{e}_{\mathrm{f}} = f(\boldsymbol{x},\boldsymbol{z})+g(\boldsymbol{x},\boldsymbol{z})v+h(\boldsymbol{x}(t-\tau))+\alpha \tag{3.27}$$

式中：$\boldsymbol{\alpha}=[0\ \ \boldsymbol{\Lambda}^{\mathrm{T}}]\boldsymbol{e}$，$\boldsymbol{x}=[x_1,x_2,\cdots,x_n]$，$\boldsymbol{z}=[z_1,z_2,\cdots,z_m]$。

为了控制器设计，式（3.26）需要满足假设 3.1 和假设 3.2，对于系统中的时滞部分，给定以下假设。

假设 3.3　未知光滑函数 $h(\boldsymbol{x}(t))$ 满足不等式 $|h(\boldsymbol{x}(t))|\leqslant e_{\mathrm{f}}h_m(\boldsymbol{x}(t))$，其中 $h_m(\boldsymbol{x}(t))$ 是一个已知函数，未知时滞 τ 有界，即存在已知常数 τ_m，使得 $\tau\leqslant\tau_m$。

系统中状态 $\boldsymbol{z}$ 的有界判别跟第 2 章的判别方法一样，只要状态变量 $\boldsymbol{x}$ 有界，就可以得到 $\boldsymbol{z}$ 有界的结论。

3.3.2　控制器设计及闭环系统的稳定性分析

进行控制律设计，首先考虑以下函数，即

$$V=\frac{1}{2}e_{\mathrm{f}}^{2}+\frac{1}{2}\tilde{\theta}^{\mathrm{T}}\boldsymbol{\Gamma}^{-1}\tilde{\theta}+\int_{t-\tau}^{t}e_{\mathrm{f}}^{2}h_{m}^{2}(\boldsymbol{x}(\sigma))\mathrm{d}\sigma \tag{3.28}$$

式中：$\boldsymbol{\theta}^{*}$ 为在线逼近器中 $\boldsymbol{\theta}^{\mathrm{T}}\boldsymbol{\xi}$ 中的系数 $\boldsymbol{\theta}$ 的理想值；$\hat{\boldsymbol{\theta}}$ 为对理想系数 $\boldsymbol{\theta}$ 的估计，$\tilde{\boldsymbol{\theta}}=\boldsymbol{\theta}^{*}-\hat{\boldsymbol{\theta}}$；$\boldsymbol{\Gamma}$ 为可设计常数矩阵，$\boldsymbol{\Gamma}=\boldsymbol{\Gamma}^{\mathrm{T}}>0$，在线逼近器所逼近的函数在随后的设计中介绍。

对式（3.28）沿式（3.27）方向求关于时间 t 的导数，即

$$\begin{aligned}\dot{V}&=e_{\mathrm{f}}\dot{e}_{\mathrm{f}}-\tilde{\boldsymbol{\theta}}^{\mathrm{T}}\boldsymbol{\Gamma}^{-1}\dot{\hat{\boldsymbol{\theta}}}+e_{\mathrm{f}}^{2}h_{m}^{2}(\boldsymbol{x}(t))-e_{\mathrm{f}}^{2}(t-\tau)h_{m}^{2}(\boldsymbol{x}(t-\tau))\\&=e_{\mathrm{f}}f+e_{\mathrm{f}}\alpha+e_{\mathrm{f}}^{2}h_{m}^{2}(\boldsymbol{x}(t))+e_{\mathrm{f}}h(\boldsymbol{x}(t-\tau))+e_{\mathrm{f}}g(\boldsymbol{x}(t),\boldsymbol{z}(t))v\ -\\&\quad e_{\mathrm{f}}y_{\mathrm{r}}^{(n)}-\tilde{\boldsymbol{\theta}}^{\mathrm{T}}\boldsymbol{\Gamma}^{-1}\dot{\hat{\boldsymbol{\theta}}}-e_{\mathrm{f}}^{2}(t-\tau)h_{m}^{2}(\boldsymbol{x}(t-\tau))\end{aligned} \tag{3.29}$$

根据在线逼近理论可知，存在紧致集 $\Omega_{(\boldsymbol{e}^{\mathrm{T}}+\boldsymbol{Y}_{\mathrm{r}}^{\mathrm{T}},\boldsymbol{z})}\in\mathbf{R}^{n+m}$（$\boldsymbol{Y}_{\mathrm{r}}$ 的表示意义同第 2 章），选择合适的基函数 ξ，对任意的 $(\boldsymbol{e}^{\mathrm{T}}+\boldsymbol{Y}_{\mathrm{r}}^{\mathrm{T}},\boldsymbol{z})\in\Omega_{(\boldsymbol{e}^{\mathrm{T}}+\boldsymbol{Y}_{\mathrm{r}}^{\mathrm{T}},\boldsymbol{z})}$，都有 $\boldsymbol{\theta}^{*}$ 和 ε^{*}，使得下式成立，即

$$f(\boldsymbol{e}^{\mathrm{T}}+\boldsymbol{Y}_{\mathrm{r}}^{\mathrm{T}},\boldsymbol{z})+e_{\mathrm{f}}h_{m}^{2}(\boldsymbol{x}(t))=\boldsymbol{\theta}^{*\mathrm{T}}\boldsymbol{\xi}(\boldsymbol{e}^{\mathrm{T}}+\boldsymbol{Y}_{\mathrm{r}}^{\mathrm{T}},\boldsymbol{z})+\varepsilon^{*} \tag{3.30}$$

式中：$|\varepsilon^{*}|\leqslant\varepsilon,\forall\varepsilon>0$。

根据 Young 不等式 $ab\leqslant\frac{a^{2}}{4}+b^{2}$，可得

$$e_{\mathrm{f}}h(\boldsymbol{x}(t-\tau))\leqslant\frac{e_{\mathrm{f}}^{2}}{4}+h^{2}(\boldsymbol{x}(t-\tau))\leqslant\frac{e_{\mathrm{f}}^{2}}{4}+e_{\mathrm{f}}^{2}(t-\tau)h_{m}^{2}(\boldsymbol{x}(t-\tau)) \tag{3.31}$$

$$e_{\mathrm{f}}\varepsilon\leqslant\frac{e_{\mathrm{f}}^{2}}{4}+\varepsilon \tag{3.32}$$

将式（3.30）代入式（3.29），根据式（3.31）和式（3.32），式（3.29）可以转化为

$$\dot{V}\leqslant e_{\mathrm{f}}\boldsymbol{\theta}^{*\mathrm{T}}\boldsymbol{\xi}(\boldsymbol{e}^{\mathrm{T}}+\boldsymbol{Y}_{\mathrm{r}}^{\mathrm{T}},\boldsymbol{z})+\frac{e_{\mathrm{f}}^{2}}{2}+\varepsilon^{2}+e_{\mathrm{f}}\alpha-e_{\mathrm{f}}y_{\mathrm{r}}^{(n)}-\tilde{\boldsymbol{\theta}}^{\mathrm{T}}\boldsymbol{\Gamma}^{-1}\dot{\hat{\boldsymbol{\theta}}}+e_{\mathrm{f}}g(\boldsymbol{x}(t),\boldsymbol{z}(t))v \tag{3.33}$$

系统控制律设计为

$$v=N(\zeta)[\hat{\boldsymbol{\theta}}^{\mathrm{T}}\boldsymbol{\xi}-y_{\mathrm{r}}^{(n)}+ke_{\mathrm{f}}+\alpha] \tag{3.34}$$

式中：$\dot{\zeta}=\hat{\boldsymbol{\theta}}^{\mathrm{T}}\boldsymbol{\xi}e_{\mathrm{f}}-y_{\mathrm{r}}^{(n)}e_{\mathrm{f}}+ke_{\mathrm{f}}^{2}+\alpha e_{\mathrm{f}}$；$k$ 为一个可以设计的常数，$k>0$，其具体形式在稳定性分析中给出。

$\hat{\boldsymbol{\theta}}$ 是 $\boldsymbol{\theta}^{*}$ 的估计且其自适应律为

$$\dot{\hat{\boldsymbol{\theta}}}=\boldsymbol{\Gamma}(e_{\mathrm{f}}\boldsymbol{\xi}-\mu\hat{\boldsymbol{\theta}}) \tag{3.35}$$

式中：$\boldsymbol{\Gamma}$ 为可调节的常数矩阵，$\boldsymbol{\Gamma}=\boldsymbol{\Gamma}^{\mathrm{T}}\geqslant0$；$\mu$ 为可调节常数，$\mu>0$。

定理 3.2　对于给定 $\boldsymbol{x}(0)$ 和 $\boldsymbol{z}(0)$ 以及 Y_{r}，若 $(\boldsymbol{e}^{\mathrm{T}}+\boldsymbol{Y}_{\mathrm{r}}^{\mathrm{T}},\boldsymbol{z})\in\boldsymbol{\Omega}_{(\boldsymbol{e}^{\mathrm{T}}+\boldsymbol{Y}_{\mathrm{r}}^{\mathrm{T}},\boldsymbol{z})}$，且系统式（3.25）满足假设 3.1～假设 3.3，那么由式（3.34）和式（3.35）与该系统所构成的闭环系统一致最终有界，即系统中所有的信号一致最终有界。

证明：考虑 Lyapunov 函数，即

$$V=\frac{1}{2}e_{\mathrm{f}}^{2}+\frac{1}{2}\tilde{\boldsymbol{\theta}}\boldsymbol{\Gamma}^{-1}\tilde{\boldsymbol{\theta}}+\int_{t-\tau}^{t}e_{\mathrm{f}}^{2}h_{m}^{2}(\boldsymbol{x}(\sigma))\mathrm{d}\sigma \tag{3.36}$$

对式（3.36）沿式（3.27）方向求关于时间 t 的导数，得到不等式（3.33），将控制律代入式（3.33），在式（3.33）右边加上 $\dot{\zeta}$，为了保持不等式不变再减去 $\dot{\zeta}$，并代入式（3.35），可以得到下面的不等式，即

$$\begin{aligned}\dot{V}\leqslant{}& e_{\mathrm{f}}\boldsymbol{\theta}^{*\mathrm{T}}\boldsymbol{\xi}(\boldsymbol{e}^{\mathrm{T}}+\boldsymbol{Y}_{\mathrm{r}}^{\mathrm{T}},\boldsymbol{z})+\frac{e_{\mathrm{f}}^{2}}{2}+\varepsilon^{2}+e_{\mathrm{f}}\alpha-e_{\mathrm{f}}y_{\mathrm{r}}^{(n)}-\tilde{\boldsymbol{\theta}}^{\mathrm{T}}\boldsymbol{\Gamma}^{-1}\dot{\hat{\boldsymbol{\theta}}}+\\&e_{\mathrm{f}}g(\boldsymbol{x}(t),\boldsymbol{z}(t))N(\zeta)(\hat{\boldsymbol{\sigma}}^{\mathrm{T}}\boldsymbol{\xi}-y_{\mathrm{r}}^{(n)}-ke_{\mathrm{f}}+\alpha)+\dot{\zeta}-(\hat{\boldsymbol{\theta}}^{\mathrm{T}}\boldsymbol{\xi}e_{\mathrm{f}}-y_{\mathrm{r}}^{(n)}e_{\mathrm{f}}+ke_{\mathrm{f}}^{2}+\alpha e_{\mathrm{f}})\\\leqslant{}&-(k-\frac{1}{2})e_{\mathrm{f}}^{2}+\mu\tilde{\boldsymbol{\theta}}^{\mathrm{T}}\boldsymbol{\Gamma}^{-1}\hat{\boldsymbol{\theta}}+\varepsilon^{2}+(g(\boldsymbol{x}(t),\boldsymbol{z}(t))N(\zeta)+1)\dot{\zeta}\end{aligned} \tag{3.37}$$

注意到 $2\tilde{\boldsymbol{\theta}}^{\mathrm{T}}\hat{\boldsymbol{\theta}}\geqslant\|\tilde{\boldsymbol{\theta}}\|^{2}-\|\boldsymbol{\theta}^{*}\|^{2}$，由式（3.37）可得

$$\dot{V}\leqslant-\left(k-\frac{1}{2}\right)e_{\mathrm{f}}^{2}+\varepsilon^{2}+(g(\boldsymbol{x}(t),\boldsymbol{z}(t))N(\zeta)+1)\dot{\zeta}-\frac{\mu}{2\lambda_{\max}(\boldsymbol{\Gamma}^{-1})}\tilde{\boldsymbol{\theta}}^{\mathrm{T}}\boldsymbol{\Gamma}^{-1}\tilde{\boldsymbol{\theta}}+\frac{\mu}{2}\|\boldsymbol{\theta}^{*}\|^{2} \tag{3.38}$$

假设 $k-\dfrac{1}{2}=k_{1}+k_{2}\geqslant k_{1}+b\displaystyle\int_{t-\tau_{m}}^{t}e_{\mathrm{f}}^{2}h_{m}^{2}(\boldsymbol{x}(\sigma))\mathrm{d}\sigma$，其中常数 b 满足 $be_{\mathrm{f}}^{2}\geqslant a>0$，$a$ 为一个参数。

由此可知

$$-be_{\mathrm{f}}^{2}\int_{t-\tau_{m}}^{t}e_{\mathrm{f}}^{2}h_{m}^{2}(\boldsymbol{x}(\sigma))\mathrm{d}\sigma\leqslant-a\int_{t-\tau}^{t}e_{\mathrm{f}}^{2}h_{m}^{2}(\boldsymbol{x}(\sigma))\mathrm{d}\sigma \tag{3.39}$$

因此，式（3.38）可以转化为

$$\begin{aligned}\dot{V}\leqslant{}&-k_{1}e_{\mathrm{f}}^{2}+\varepsilon^{2}+(g(\boldsymbol{x}(t),\boldsymbol{z}(t))N(\zeta)+1)\dot{\zeta}\\&-a\int_{t-\tau}^{t}e_{\mathrm{f}}^{2}h_{m}^{2}(\boldsymbol{x}(\sigma))\mathrm{d}\sigma-\frac{\mu}{2\lambda_{\max}(\boldsymbol{\Gamma}^{-1})}\tilde{\boldsymbol{\theta}}^{\mathrm{T}}\boldsymbol{\Gamma}^{-1}\tilde{\boldsymbol{\theta}}+\frac{\mu}{2}\|\boldsymbol{\theta}^{*}\|^{2}\end{aligned} \tag{3.40}$$

同式（3.17）和式（3.18）类似，定义下面两个参数，即

$$\delta=\min\left\{k_{1},a,\frac{\mu}{2\lambda_{\max}(\boldsymbol{\Gamma}^{-1})}\right\} \tag{3.41}$$

$$\eta=\varepsilon^{2}+\frac{\mu}{2}\|\boldsymbol{\theta}^{*}\|^{2} \tag{3.42}$$

因此，可以得到

$$\dot{V}\leqslant -\delta V+(gN(\zeta)+1)\dot{\zeta}+\eta \tag{3.43}$$

经过式（3.19）～式（3.21）的变化，可得

$$V(t)\leqslant V(0)+\frac{\eta}{\delta}+\mathrm{e}^{-\delta t}\int_0^t \mathrm{e}^{\delta t}(gN(\zeta)+1)\dot{\zeta}\mathrm{d}\tau \tag{3.44}$$

根据引理 1.3 可以知道$V(t)$、$\zeta(t)$和$\int_0^t (gN(\zeta)+1)\dot{\zeta}\mathrm{d}\tau$在区间$[0,t_\mathrm{f})$有界，设$\int_0^t (gN(\zeta)+1)\dot{\zeta}\mathrm{d}\tau$在区间$[0,t_\mathrm{f})$上的界为$A$，即$\int_0^t |(gN(\zeta)+1)\dot{\zeta}|\mathrm{d}\tau\leqslant A$，则

$$\begin{aligned}\mathrm{e}^{-\delta t}\int_0^t \mathrm{e}^{\delta\tau}(gN(\zeta)+1)\dot{\zeta}\mathrm{d}\tau &\leqslant \int_0^t \mathrm{e}^{-\delta(t-\tau)}|(gN(\zeta)+1)\dot{\zeta}|\,\mathrm{d}\tau\\ &\leqslant \int_0^t |(gN(\zeta)+1)\dot{\zeta}|\mathrm{d}\tau\leqslant A\end{aligned} \tag{3.45}$$

所以，A也是$\mathrm{e}^{-\delta t}\int_0^t \mathrm{e}^{\delta t}(gN(\zeta)+1)\dot{\zeta}\mathrm{d}\tau$在区间$[0,t_\mathrm{f})$上的上界，则

$$V(t)\leqslant V(0)+\frac{\eta}{\delta}+A \tag{3.46}$$

因此，根据 3.3.1 小节的证明过程，所给控制器能够使得系统式（3.26）一致最终有界，跟踪误差也一致最终有界。

注 3.2 本小节所研究系统与学者王丹等的相关文献中考虑的系统形式相同，但其所考虑系统的控制增益（控制方向）是已知的。相对而言，由于本小节讨论的是控制方向未知情况下的控制器设计，因此给出的方法适用范围更加广泛。

3.4 仿真验证

本部分主要给出 3 个仿真例子，例 3.1 和例 3.2 验证 3.2 节所给控制器设计方法的有效性，例 3.3 验证 3.3 节所给控制器设计方法的有效性。

例 3.1 考虑以下非线性系统，即

$$y^{(3)}=f(y,\dot{y},\ddot{y},u)+g(y,\dot{y},\ddot{y})v$$

式中：f、g 及 h 是不确定的光滑函数。下面是控制器的设计过程，参考信号为$y_\mathrm{r}(t)=0.1\sin t$。

设$x_1=y$，$x_2=\dot{y}$，$x_3=\ddot{y}$，$z_1=u$，$v=\dot{u}$，则

$$\begin{cases}\dot{x}_1=x_2\\ \dot{x}_2=x_3\\ \dot{x}_3=f(y,\dot{y},\ddot{y},z_1)+g(y,\dot{y},\ddot{y})v\end{cases}$$

式中：$f=u+y-\ddot{y}+y\dot{y}+\dot{y}^2+y\ddot{y}$；$g=2+\dot{y}y$。

仿真过程中设 $\beta=2$，$\boldsymbol{\Gamma}=70\boldsymbol{I}$，$\mu=0.0001$，$k=3$，初始值设置为 $x_1(0)=x_2(0)=x_3(0)=z_1(0)=v(0)=0.1$，$\hat{\theta}(0)=0$，$\zeta(0)=1.1$。根据相应的常数设计，给出其控制律与自适应律为

$$v=\zeta^2[\hat{\boldsymbol{\sigma}}^{\mathrm{T}}\boldsymbol{\xi}-\sin(0.1t)-e_{\mathrm{f}}]\cos\zeta$$

$$\dot{\hat{\boldsymbol{\sigma}}}=70\boldsymbol{I}(e_{\mathrm{f}}\boldsymbol{\xi}-0.0001\hat{\boldsymbol{\sigma}})$$

采用模糊系统为逼近器进行仿真，给出 x_1、x_2、x_3 的隶属度函数：

$$\begin{cases}\mu_i^1=\exp[-(x-0.4)^2]\\ \mu_i^2=\exp[-(x-0.2)^2]\\ \mu_i^3=\exp(-x^2)\\ \mu_i^4=\exp[-(x+0.2)^2]\\ \mu_i^5=\exp[-(x+0.4)^2]\end{cases}$$

仿真结果如图 3.1～图 3.4 所示。图 3.1 所示为控制方向未知情况下的控制输入曲线，由图可知，控制信号有界；图 3.2 所示为控制方向未知情况下的闭环系统输出曲线（虚线）与参考信号曲线（实线），由图可以看出，在很短的时间内，系统达到稳定，稳定后的系统输出可以很好地跟踪参考信号；图 3.3 所示为控制方向未知情况下的系统状态误差曲线；图 3.4 所示为控制方向未知情况下的系统跟踪误差曲线，由图可以看出，该误差比较小，达到稳态后，其最大幅值为 0.0007，跟踪目标信号的幅值为 1，也就是说，跟踪误差为 0.07%，进一步说明跟踪效果比较满意；图 3.5 所示为控制方向未知情况下的 ζ 曲线，由图可知，$\zeta(t)$ 有界且稳定。

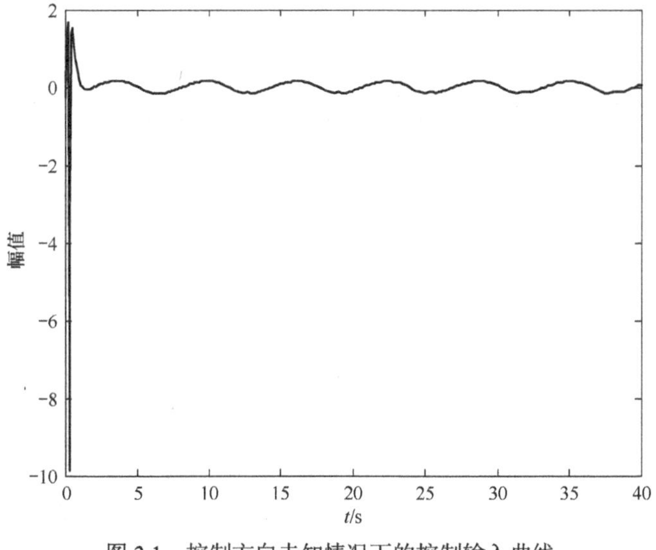

图 3.1　控制方向未知情况下的控制输入曲线

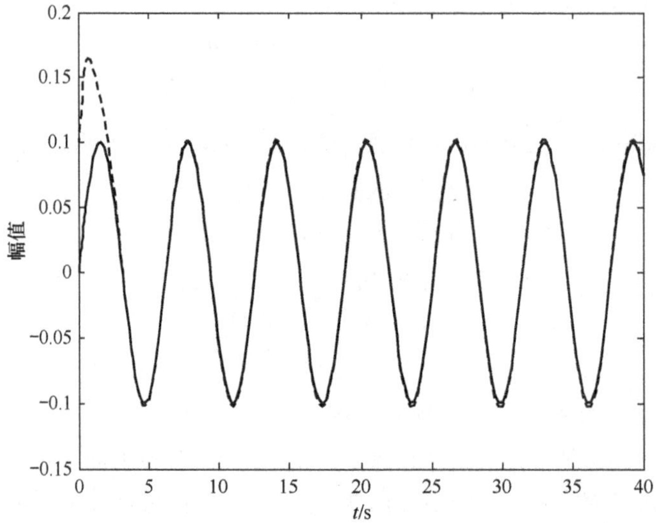

图 3.2　控制方向未知情况下的闭环系统输出曲线（虚线）与参考信号曲线（实线）

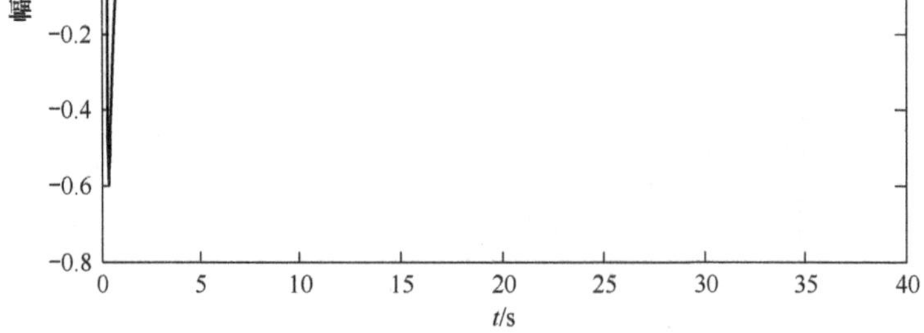

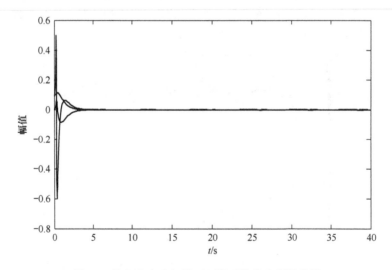

图 3.3　控制方向未知情况下的系统状态误差曲线

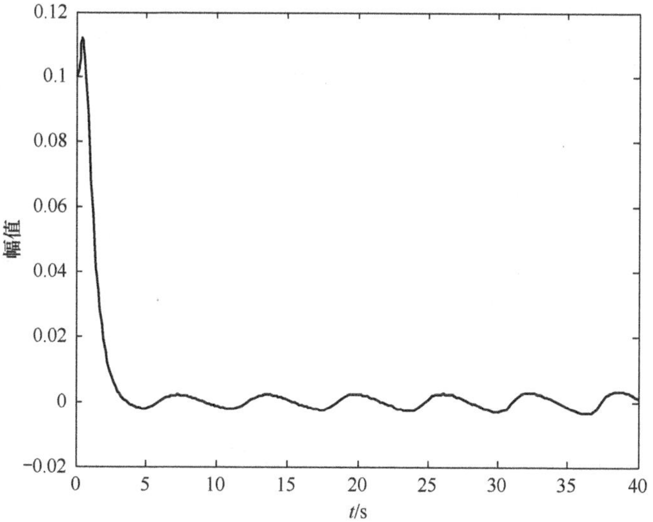

图 3.4　控制方向未知情况下的系统跟踪误差曲线

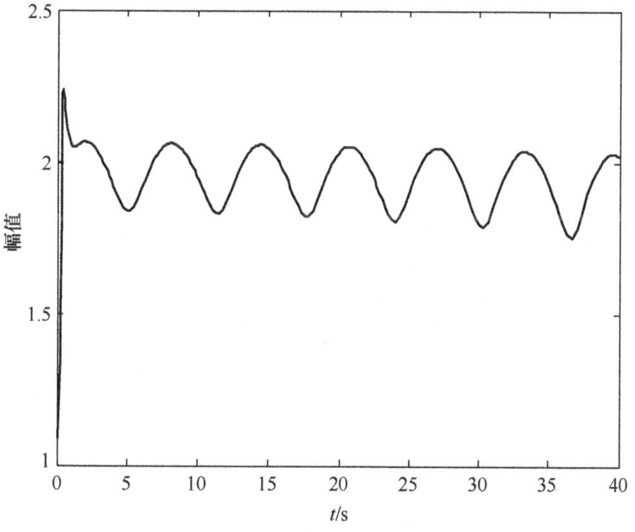

图 3.5　控制方向未知情况下的 ζ 曲线

例 3.2 倒立摆建模与控制设计。

众所周知，倒立摆摆杆的一端是固定在小车上的，但摆杆是否可以倒立与摆杆固定于小车一端的运动速度以及加速度有关系，即小车的速度以及加速度。因此本书以小车的移动位移 s 为输入，对摆杆的受力分析如图 3.6 所示，图中，θ 为摆杆与垂直向上方向的夹角；m 为摆杆的质量；L 为摆杆的长度。

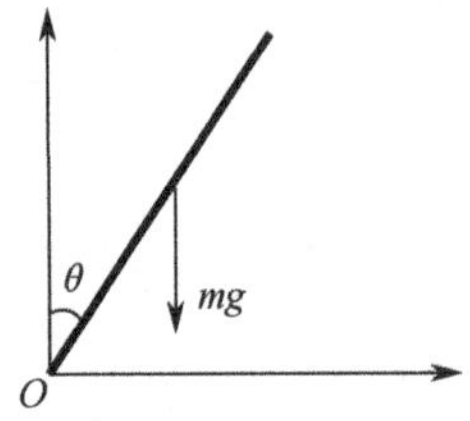

图 3.6 摆杆受力分析

摆杆所受水平方向的力为

$$N = m\frac{\mathrm{d}^2}{\mathrm{d}t^2}(s + L\sin\theta) = m\ddot{s} + mL\ddot{\theta}\cos\theta - mL\dot{\theta}^2\sin\theta \tag{3.47}$$

摆杆所受垂直方向的力为

$$V - mg = m\frac{\mathrm{d}^2}{\mathrm{d}t^2}(L\cos\theta) = -mL(\ddot{\theta}\sin\theta + \dot{\theta}^2\cos\theta) \tag{3.48}$$

摆杆的力矩平衡方程为

$$I\ddot{\theta} = VL\sin\theta - NL\cos\theta \tag{3.49}$$

式中：I 为摆杆的转动惯量。将式（3.47）和式（3.48）代入式（3.49），可得

$$(I + mL^2)\ddot{\theta} - mgL\sin\theta = -mL\ddot{s}\cos\theta \tag{3.50}$$

式（3.50）为倒立摆系统的动力学模型系统。将其写成本书所研究系统的形式，即为

$$\ddot{\theta} = \frac{1}{(I + mL^2)}(mgL\sin\theta - mL\ddot{s}\cos\theta) \tag{3.51}$$

注 3.3 式（3.51）形式上与式（3.1）相同，但控制输入 s 及其一阶导数 $\dot{s}$ 没有出现，只出现了 $\ddot{s}$，该系统可以看作式（3.1）的一个特例。

设 $\theta = x_1, \dot{\theta} = x_2, s = z_1, \dot{s} = z_2, \ddot{s} = v$，于是式（3.51）可以用以下状态方程表示，即

$$\begin{cases} \dot{x}_1 = x_2 \\ \dot{x}_2 = \dfrac{mgL\sin x_1}{I + mL^2} - \dfrac{mL\cos x_1}{I + mL^2}v \\ \dot{z}_1 = z_2 \\ \dot{z}_2 = v \end{cases} \tag{3.52}$$

由于倒立摆系统中存在未知的外部扰动以及倒立摆自身的一些在建模过程中没有考虑或难以考虑的因素，如摆杆与铰链之间的摩擦力、空气阻力等，式（3.52）可以表示为

$$\begin{cases}\dot{x}_1 = x_2\\ \dot{x}_2 = f(x,z) + g(x)v\\ \dot{z}_1 = \dot{z}_2\\ \dot{z}_2 = v\end{cases} \tag{3.53}$$

与式（3.52）相对应，函数 f、g 分别为 $f = \dfrac{mgL\sin x_1}{I+mL^2} + \varDelta_1$、$g = -\dfrac{mL\cos x_1}{I+mL^2} + \varDelta_2$。$\varDelta_1$、$\varDelta_2$ 表示系统中存在的未知外部干扰以及倒立摆系统中的未建模动态。

为了仿真验证，本书给出函数，即

$$\begin{cases}\varDelta_1 = z_1\\ \varDelta_2 = 0\end{cases}$$

注 3.4　在式（3.52）中，函数 $g = -\dfrac{mL\cos x_1}{I+mL^2}$，其中，$x_1 = \theta$，表示摆杆与垂直向上方向的夹角，取值范围是 $[-\pi,\pi)$。当 x_1 在 $[-\pi,\pi)$ 内变化时，函数 $\cos x_1$ 的符号会发生变化，在摆杆穿过水平线时，$\cos x_1 = 0$；若摆杆在水平线以下，$\cos x_1$ 的符号为负；否则为正。这样导致系统的控制增益符号未知。这时，系统不满足控制增益不等于零的条件，系统处于失控状态，但由于摆杆重力或摆杆摆动惯性，系统失控状态是瞬间状态，不影响系统可控性能。

假设摆杆质量为 $m = 0.1\text{kg}$；摆杆长为 $l = 0.5\text{m}$；重力加速度为 $g = 10\text{m/s}^2$。根据上述条件可得

$$\begin{cases}f = 16\sin x_1 + z_1\\ g = -1.6\cos x_1\end{cases}$$

参考信号为 $y_r(t) = 0.1\sin t$。在仿真过程中，取 $\beta = 2$，$\varGamma = 100I$，$\mu = 0.0001$，$k = 0.1$，初始值都为 0。

采用模糊系统为逼近器进行仿真，给出 x_1、x_2、x_3 的隶属度函数为

$$\begin{cases}\mu_i^2 = \exp[-(x-0.2)^2]\\ \mu_i^3 = \exp(-x^2)\\ \mu_i^4 = \exp[-(x+0.2)^2]\end{cases}$$

仿真结果如图 3.7～图 3.10 所示。图 3.7 所示为倒立摆控制输入曲线；图 3.8 所示为倒立摆闭环系统输出曲线（虚线）与参与信号曲线（实线）；图 3.9 所示为倒立摆闭环系统跟踪误差曲线，即系统输出信号与跟踪目标信号之间的差，由图可以看出，该误差比较小，达到稳态后，其辐值小于

0.002，跟踪目标信号的幅值为 0.1，也就是说，跟踪误差小于 2%，进一步说明跟踪效果比较满意；图 3.10 给出了倒立摆闭环系统状态误差曲线；图 3.11 所示为倒立摆闭环系统ζ 曲线。

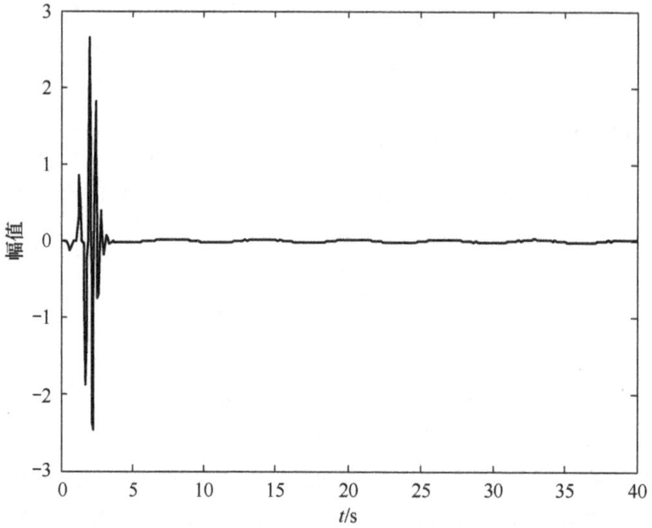

图 3.7 倒立摆控制输入曲线

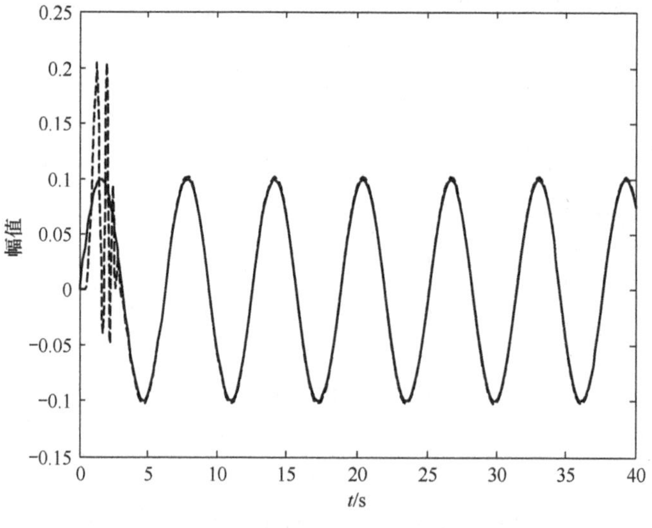

图 3.8 倒立摆闭环系统输出曲线（虚线）与参考信号曲线（实线）

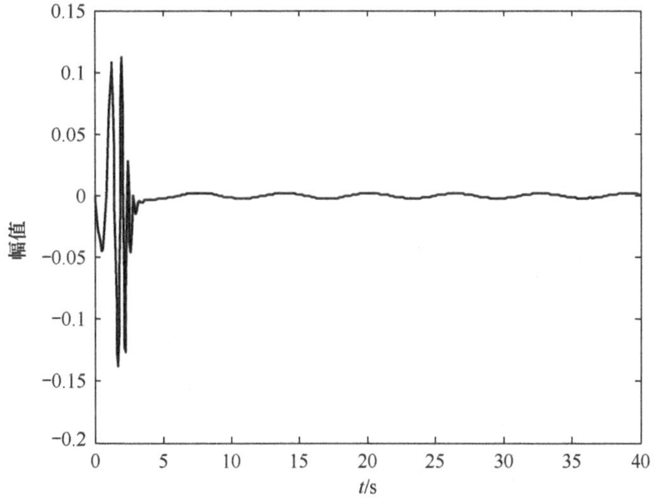

图 3.9　倒立摆闭环系统跟踪误差曲线

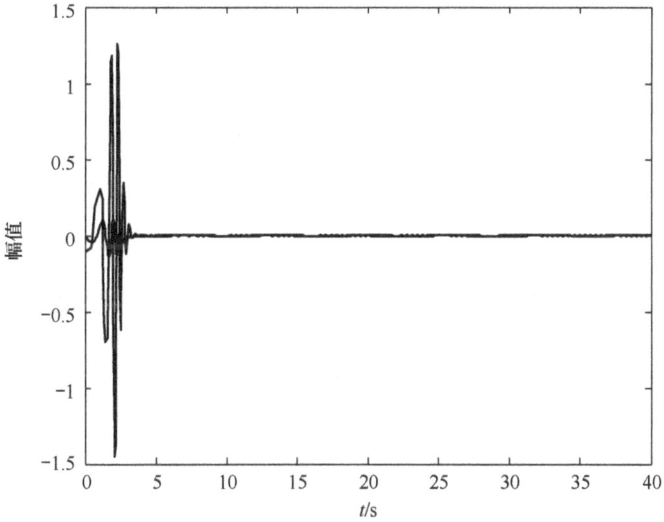

图 3.10　倒立摆闭环系统状态误差曲线

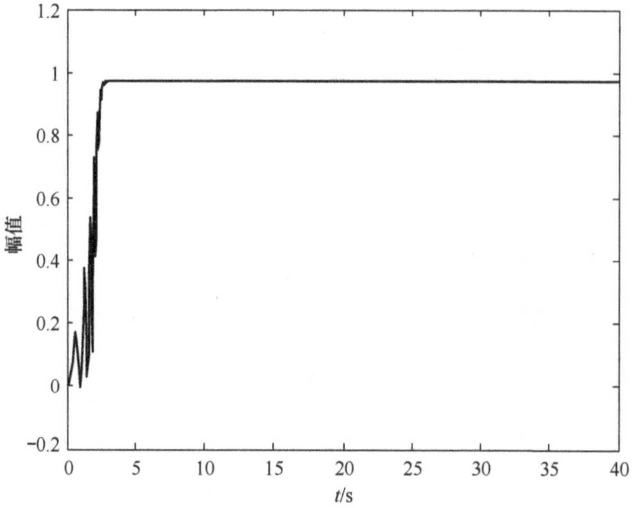

图 3.11　倒立摆闭环系统 ζ 曲线

例 3.3　本例主要说明 3.3 节中时滞系统控制器设计方法的有效性。考虑以下 3 阶系统，即

$$y^{(3)} = f(y,\dot{y},\ddot{y},u) + h(y(t-\tau),\dot{y}(t-\tau),\ddot{y}(t-\tau)) + g(y)\dot{u}$$

经过变量代换，将输入/输出模型转化为状态空间的动态形式，即

$$\begin{cases} \dot{x}_1 = x_2 \\ \dot{x}_2 = x_3 \\ \dot{x}_3 = f(y,\dot{y},\ddot{y},z_1) + g(y)v + h(y(t-\tau),\dot{y}(t-\tau),\ddot{y}(t-\tau)) \\ \dot{z}_1 = v \end{cases}$$

为了仿真验证，给出连续光滑函数 $f(\cdot)$、$g(\cdot)$、$h(\cdot)$ 的具体形式为

$$\begin{cases} f(\cdot) = z_1 + y - \ddot{y} + y\dot{y} + \dot{y}^2 + y\ddot{y} \\ g(\cdot) = 1 + y^2 \\ h(\cdot) = \sin(y(t-\tau)\dot{y}(t-\tau)\ddot{y}(t-\tau)) \end{cases}$$

在仿真过程中，参数选择如下：$\beta = 2$，$\Gamma = 3I$，$\gamma = 0.001$，$k = 5$，$b = 2$，$h_m = \dfrac{2}{e_f}$。状态初始值设置为 0.3，θ 的初始值设置为 0.5，参考信号为 $y_r = \sin t$。得到图 3.12～图 3.14 所示的仿真结果。图 3.12 所示为包含时滞且控制方向未知情况下的控制输入曲线，该图说明控制器有界；图 3.13 所示为包含时滞且控制方向未知情况下的闭环系统输出曲线（虚线）与参考信号曲线（实线），当 $t = 3$s 时，系统输出开始有效跟踪参考信号，图 3.14 所示为包含时滞且控制方向未知情况下的系统跟踪误差曲线，跟踪误差在 $t = 3$s 时小于 0.05，达到一定的跟踪精度，当 $t > 3$s 时，跟踪误差进一步减小，$t > 10$s 后，跟

踪误差的最大幅值约为 0.015；由于证明过程中得到结果ζ有界，所以图 3.15 反映包含时滞且控制方向未知情况下的闭环系统ζ曲线，并由图中可以看出，ζ是有界的。

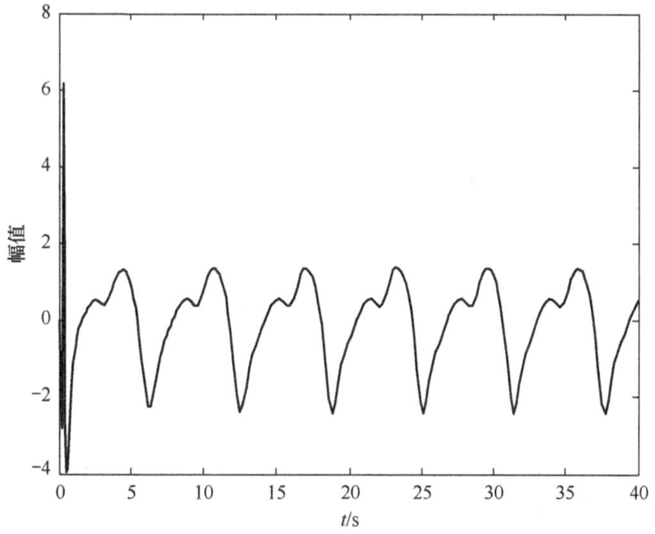

图 3.12　包含时滞且控制方向未知情况下的控制输入曲线

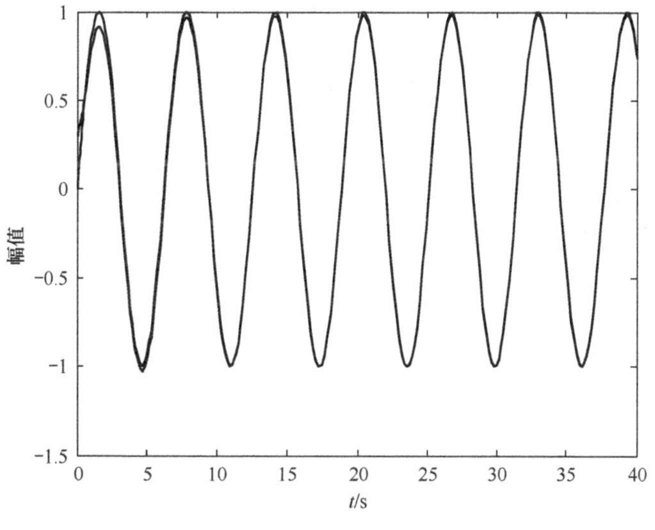

图 3.13　包含时滞且控制方向未知情况下的闭环系统输出曲线（虚线）与

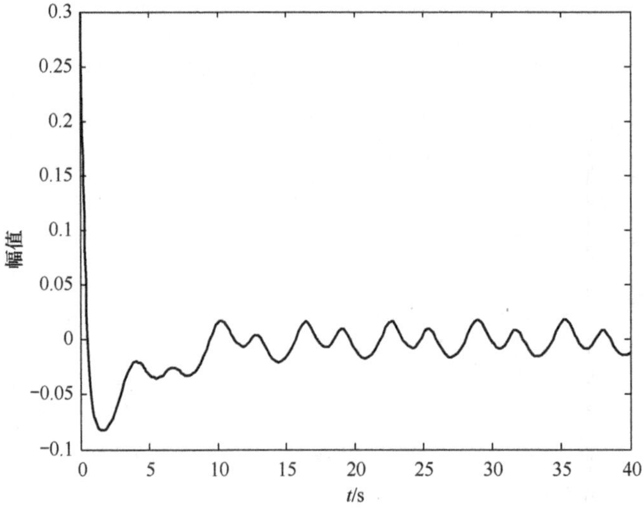

图 3.14　包含时滞且控制方向未知情况下的系统跟踪误差曲线

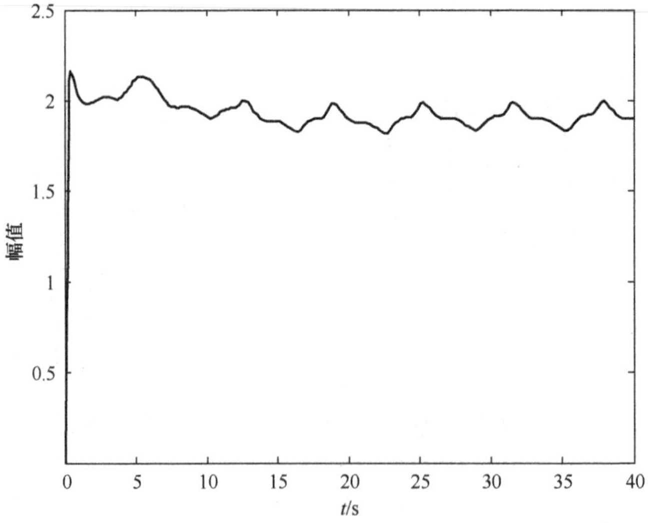

图 3.15　包含时滞且控制方向未知情况下的闭环系统 ζ 曲线

3.5 小结

在第 2 章工作的基础上，本章主要讨论了一类输入/输出型不确定非线性系统在控制方向未知情况下的跟踪控制问题。由于所讨论系统的控制方向未知，本章采用了 Nussbaum 控制增益技术。结合反馈线性化和在线逼近的自适应控制技术，给出了该类系统在控制方向未知情况下的跟踪控制器设计方法。由于采用 Nussbaum 控制增益技术，所给控制器避免了奇异问题的发生。基于 Lypunov 稳定性理论的分析表明，闭环系统是稳定的，且跟踪误差一致最终有界。对于该类系统包含时滞的情况则采用 Lyapunov-Krasovskii 方法，结合反馈线性化和在线逼近的自适应控制技术以及 Nussbaum 控制增益技术，构造的控制器消除了时滞作用的影响。稳定性分析表明，该时滞系统在所给控制器的作用下一致最终有界。仿真结果说明本书提出的方法有效且可以应用到实际问题中。

第 4 章　输入/输出型非仿射系统的自适应控制

4.1　引言

从系统形式上来看，第 2 章和第 3 章所研究系统转化后的控制项v在系统中只进行了仿射运算（或仿射变换），即控制输入仿射系统。在某些实际系统中，控制输入在进入系统后还要进行非仿射运算，使得系统表现为控制项非仿射，那么这样的系统为输入非仿射系统。仿射系统可以看作非仿射系统的特例。在实际应用中，有很多被控对象或过程可以用非仿射系统来描述，如生物化学过程、飞行器控制系统等。因此，非仿射系统的控制问题的研究具有重要的理论意义和实际意义。

近年来，控制问题的研究主要集中在仿射系统，对非仿射系统控制问题的研究还比较少，没有系统的控制设计方法，因此非仿射系统的控制中存在很多值得研究的问题。经过总结，解决非仿射系统控制问题的方法可以分为以下两种：一种是非仿射系统不进行变换，直接对非仿射系统设计控制器，如学者 Moulay 等对多项式非仿射系统的控制问题进行了研究，基于控制 Lyapunov 函数（Control Lyapunov Function）的方法，给出一个连续、稳定控制器存在的充分条件；另一种是将输入非仿射系统变化为输入仿射系统，按照仿射系统的控制器设计方法给出非仿射型系统的控制器。将非仿射系统变化为仿射系统的方法又可以分为两种：一种是基于 Lagrange 中值定理的，学者葛树志和王敏等分别在其文章中给出的控制器设计方法中就用了 Lagrange 中值定理；另一种是将所讨论系统中的子系统进行微分后得到仿射系统，新的系统以原系统控制项的导数为控制项，学者周安民等相关文献中涉及了这类方法。

本章在第 2 章和第 3 章工作的基础上，将进一步研究前两章所讨论系统在控制输入非仿射情况下的跟踪控制问题。首先采用 Lagrange 中值定理将非仿射系统转化为仿射系统，然后结合在线逼近理论与 Nussbaum 控制增益技术为该类系统设计跟踪控制器。Nussbaum 控制增益技术用来降低对所研究系统的要求，使得所给控制器设计方法适用范围更广。根据 Lyapunov 稳定性理论对闭环系统进行分析，所给控制器可以使得所研究系统一致最终有界。本章具体内容安排如下。

4.2 节对系统进行介绍，提出本章所研究的问题；4.3 节给出系统的跟踪控制器，根据 Lyapunov 稳定性理论，对控制器作用下的闭环系统的稳定性进行分析，得到闭环系统一致最终有界的结果。4.4 节给出仿真例子，进一步说明所给控制器设计方法的有效性。

4.2 问题描述

本章主要考虑以下一类系统的跟踪控制器设计，即

$$y^{(n)} = f(y,\dot{y},\ddot{y},\cdots,y^{(n-1)},u,\dot{u},\cdots,u^{(m-1)}) \tag{4.1}$$

式中：y 为系统输出；u 为控制输入；$y^{(i)}(i=1,2,3,\cdots,n)$ 为系统输出 y 的 i 阶导数；$u^{(j)}(j=1,2,3,\cdots,m-1)$ 表示控制输入 u 的 j 阶导数；函数 $f(\cdot)$ 为一个连续的光滑可微函数。

设

$$\begin{cases} x_1 = y, \quad x_2 = \dot{y},\cdots,x_n = y^{(n-1)} \\ z_1 = u, \quad z_2 = \dot{u},\cdots,z_m = u^{(m-1)} \end{cases} \tag{4.2}$$

经上述变换，系统式（4.1）可以变化为

$$\begin{cases} \dot{x}_i = x_{i+1} \qquad 1 \leqslant i \leqslant n-1 \\ \dot{x}_n = f(\boldsymbol{x}(t),\boldsymbol{z}(t),v) \\ \dot{z}_j = z_{j+1} \qquad 1 \leqslant j \leqslant m-1 \\ \dot{z}_m = v \end{cases} \tag{4.3}$$

式中：$\boldsymbol{x}(t)=[x_1(t),x_2(t,),\cdots,x_n(t)]$；$\boldsymbol{z}(t)=[z_1(t),z_2(t,),\cdots,z_m(t)]$。经过转化，式（4.1）由输入/输出形式转化为状态空间形式的式（4.3）。在式（4.3）中，$(\boldsymbol{x},\boldsymbol{z})$ 表示状态变量。v 表示系统的输入量。假设状态变量的初始值取值空间为 $Z_0 \subset \mathbf{R}^{m+n}$，即 $(\boldsymbol{x}(0),\boldsymbol{z}(0)) \in Z_0$。

本章的研究内容主要是设计控制器 v，使得式（4.3）一致最终有界，对于给定的满足假设条件的跟踪信号 y_{r}，跟踪误差一致最终有界。为了给出跟踪控制器 v，首先给出跟踪误差。对于给定参考信号 y_{r}，系统的跟踪误差为

$$e_1 = x_1 - y_{\mathrm{r}}, e_2 = x_2 - \dot{y}_{\mathrm{r}},\cdots,e_n = x_n - y_{\mathrm{r}}^{(n-1)}, \quad \boldsymbol{e}=[e_1,e_2,\cdots,e_n]^{\mathrm{T}}$$

设 $\boldsymbol{Y}_{\mathrm{r}}=[y_{\mathrm{r}},\dot{y}_{\mathrm{r}},\cdots,y_{\mathrm{r}}^{(n-1)}]^{\mathrm{T}}$，将式（4.3）转化为误差动态系统，即

$$\begin{cases}\dot{e}_i = e_{i+1} \quad 1\leqslant i\leqslant n-1\\ \dot{e}_n = f(\boldsymbol{e}^{\mathrm{T}}+\boldsymbol{Y}_{\mathrm{r}}^{\mathrm{T}}, z(t), v) - y_{\mathrm{r}}^{(n)}\\ \dot{z}_j = z_{j+1} \quad 1\leqslant j\leqslant m-1\\ \dot{z}_m = v\end{cases} \tag{4.4}$$

定义状态误差e的一个衡量指标变量e_{f}，其形式如式（3.5）。对e_{f}求导并由式（4.4）可知

$$\dot{e}_{\mathrm{f}} = f(\boldsymbol{x},\boldsymbol{z},v)+\alpha - y_{\mathrm{r}}^{(n)} \tag{4.5}$$

式中：$\boldsymbol{\alpha}=[0 \quad \boldsymbol{\Lambda}^{\mathrm{T}}]\boldsymbol{e}$，$\boldsymbol{\Lambda}$定义如式（3.6）。

本书将采用 Lagrange 中值定理把非仿射系统转化为仿射系统，然后进行控制器设计。下面给出 Lagrange 中值定理。

引理 4.1（Lagrange 中值定理） 设$f(x)$在区间$[a,b]$上连续，在区间(a,b)上可导，则存在$\varsigma\in(a,b)$使得

$$f'(\varsigma)=\frac{f(b)-f(a)}{b-a} \tag{4.6}$$

式中：$f'(\varsigma)$为函数f的导数。假设$x,x^*\in(a,b)$且$x>x^*$，那么根据 Lagrange 中值定理知道，对于函数$f(x)$，存在一个$\lambda\in(0,1)$，且$\varsigma=\lambda x+(1-\lambda)x^*$，使得

$$f(x)=f'(\varsigma)(x-x^*)+f(x^*) \tag{4.7}$$

Lagrange 中值定理在多维变量情况下也成立，只是式（4.7）中的导数需要用偏导数来代换。以二维变量的情况来说明，对于函数$f(x,y)$，有

$$f(x,y)=\frac{\partial f(x,y)}{\partial y}\Big|_{y=\varsigma}(y-y^*)+f(x,y^*) \tag{4.8}$$

由隐函数理论可以知道，对于函数$f(x,y^*)$，必然存在一个函数$y^*=y^*(x)$，使得$f(x,y^*(x))=0$，从而有下面的结论，即

$$f(x,y)=\frac{\partial f(x,y)}{\partial y}\Big|_{y=\varsigma}(y-y^*) \tag{4.9}$$

使用该方法来对式（4.5）进行转换。设$g(x,z,v)=\frac{\partial f(x,z,v)}{\partial v}\Big|_{v=\varsigma}$，此处$\varsigma=\lambda v+(1-\lambda)v^*$。根据式（4.8）、式（4.5）可以转化为

$$\dot{e}_{\mathrm{f}} = f(\boldsymbol{x},\boldsymbol{z},v^*)+g(\boldsymbol{x},\boldsymbol{z},v)(v-v^*)+\alpha-y_{\mathrm{r}}^{(n)} \tag{4.10}$$

采用隐函数理论对系统进行简化，下面结合本章系统简单介绍这种方法的具体过程。由隐函数存在定理可知，若连续可微非仿射函数$f(\boldsymbol{x},\boldsymbol{z},v)$满足$\frac{\partial f(\boldsymbol{x},\boldsymbol{z},v)}{\partial v}>d>0$，那么存在$v^*=v^*(\boldsymbol{x},\boldsymbol{z},\alpha,y_{\mathrm{r}}^{(n)})$使得

$$f(\boldsymbol{x},\boldsymbol{z},v^*)+\alpha-y_{\mathrm{r}}^{(n)}=0 \tag{4.11}$$

这样，式（4.10）可以简化为

$$\dot{e}_f = g(\boldsymbol{x}, z, v)(v - v^*) \tag{4.12}$$

由 $\dfrac{\partial f(\boldsymbol{x}, z, v)}{\partial v} > d > 0$ 可知式（4.12）可控。由于 v^* 未知，采用逼近器 $\boldsymbol{\theta}^{\mathrm{T}}\xi$ 对 v^* 进行在线逼近，并设计控制器为

$$v = -ke_f + \hat{\boldsymbol{\theta}}^{\mathrm{T}}\xi$$

式中：$\hat{\boldsymbol{\theta}}$ 为 $\boldsymbol{\theta}$ 的估计值。该控制律与系统式（4.12）组成的闭环系统是一致最终有界的。但是该方法需要知道函数 $g(\boldsymbol{x}, z, v)$ 的符号，因此所给控制器设计方法适用范围有限。为了扩大所设计控制方法的适用范围，可以采用 Nusabaum 控制增益技术，为系统式（4.12）设计控制增益未知情况的控制器。

上述方法是将 v^* 看作一个变量来进行控制器设计的。观察式（4.7），若将 x^* 看作区间 (a,b) 上的一个定点，该式子也成立。文献[83]采用这种方法，在该文献中取 $v^* = v(t(0))$，为所讨论系统设计了控制器。如果将 v^* 的取值更加特殊化，取 $v^* = 0$。当 $v^* = 0$ 时，所讨论系统将更加简化，如式（4.10）可简化为

$$\dot{e}_f = f(\boldsymbol{x}, z, 0) + g(\boldsymbol{x}, z, v)v + \alpha - y_r^{(n)} \tag{4.13}$$

本章将采用 $v^* = 0$ 进行控制器设计。函数 $f(\boldsymbol{x}, z, 0)$ 中不包含控制输入 v，可以用该函数来构造控制器，不造成控制器循环构造的问题。函数 f 是未知的，所以函数 $f(\boldsymbol{x}, z, 0)$ 也是未知的。因此需要采用在线逼近理论来对其进行逼近，用其逼近形式来构造控制器。

为本章系统设计反馈控制器，对系统以及所跟踪信号做以下假设。

假设 4.1　系统式（4.4）的状态可测。

假设 4.2　给定信号 $y_r(t)$ 有界，且其 $i(1 \leqslant i \leqslant n)$ 阶导数有界，其 n 阶导数 $y_r^{(n)}$ 至少分段连续。

状态变量 $\boldsymbol{z}$ 的有界需要靠状态变量 $\boldsymbol{x}$ 的有界来保证，此处不再赘述。本章控制器设计过程以及控制器稳定性证明与 3.2 节一致，下面给出控制器形式以及本章的主要结论。

4.3　控制器设计及其稳定性分析

给定紧致集 $\Omega_{(\boldsymbol{e}^{\mathrm{T}} + \boldsymbol{Y}_r^{\mathrm{T}}, z)} \in \mathbf{R}^{n+m}$（$Y_r$ 的定义见第 2 章），根据在线逼近理论，选择合适的基函数 $\boldsymbol{\xi}$，对任意的 $(\boldsymbol{e}^{\mathrm{T}} + \boldsymbol{Y}_r^{\mathrm{T}}, \boldsymbol{z}) \in \Omega_{(\boldsymbol{e}^{\mathrm{T}} + \boldsymbol{Y}_r^{\mathrm{T}}, z)}$，都有 $\boldsymbol{\theta}^*$ 和 ε^*，使得下式成立，即

$$f(\boldsymbol{x},z,0)+\alpha=\boldsymbol{\theta}^{*\mathrm{T}}\boldsymbol{\xi}(\boldsymbol{x},z)+\varepsilon^{*} \tag{4.14}$$

式中：$|\varepsilon^{*}|\leqslant\varepsilon,\forall\varepsilon>0$。

系统控制律设计为

$$v=N(\zeta)(\hat{\boldsymbol{\theta}}^{\mathrm{T}}\boldsymbol{\xi}-y_{\mathrm{r}}^{(n)}+ke_{\mathrm{f}}) \tag{4.15}$$

式中：$\dot{\zeta}=\hat{\boldsymbol{\theta}}^{\mathrm{T}}\boldsymbol{\xi}e_{\mathrm{f}}-y_{\mathrm{r}}^{(n)}e_{\mathrm{f}}+ke_{\mathrm{f}}^{2}$；$k$ 为一个可以设计的常数，$k>0$。

$\hat{\boldsymbol{\theta}}$ 是 $\boldsymbol{\theta}^{*}$ 的估计且其自适应律为

$$\dot{\hat{\boldsymbol{\theta}}}=\boldsymbol{\Gamma}(e_{\mathrm{f}}\boldsymbol{\xi}-\mu\hat{\boldsymbol{\theta}}) \tag{4.16}$$

式中：$\boldsymbol{\Gamma}$ 为可调节的常数矩阵，且 $\boldsymbol{\Gamma}=\boldsymbol{\Gamma}^{\mathrm{T}}\geqslant 0$；$\mu$ 为可调节常数，$\mu>0$。

定理 4.1 对于任意 $\boldsymbol{x}(0)$、$z(0)$ 以及 $\boldsymbol{Y}_{\mathrm{r}}$，若 $(\boldsymbol{e}^{\mathrm{T}}+\boldsymbol{Y}_{\mathrm{r}}^{\mathrm{T}},z)\in\Omega_{(\boldsymbol{e}^{\mathrm{T}}+\boldsymbol{Y}_{\mathrm{r}}^{\mathrm{T}},z)}$，且式（4.13）满足假设 4.1～假设 4.3，那么由式（4.15）和式（4.16）与所研究系统所构成的闭环系统一致最终有界。

证明过程同定理 3.1，此处不再赘述。

注 4.1 本章主要给出了一类不确定输入输出型系统在控制输入为非仿射情况下的跟踪控制问题。与第 2 章以及第 3 章所研究系统相比，本章所研究系统的形式更为普遍。第 2 章和第 3 章所研究系统可以看作本章所研究系统的特例。

4.4 仿真验证

本节通过仿真试验来说明本章控制器设计的有效性。考虑以下单输入单输出系统，即

$$y^{(3)}=f(y,\dot{y},\ddot{y},u,\dot{u}) \tag{4.17}$$

式中：函数 f 是未知的光滑非线性连续函数。为了仿真验证，给出该函数的具体形式为

$$f=u+y-y^{(2)}+y\dot{y}+\dot{y}^{2}+yy^{(2)}\sin(\dot{u})+(y^{2}+1)\dot{u} \tag{4.18}$$

参考信号为 $y_{\mathrm{r}}(t)=0.1\sin t$。设 $x_1=y$，$x_2=\dot{y}$，$x_3=\ddot{y}$，$z_1=u$，$v=\dot{u}$，则

$$\begin{cases}\dot{x}_1=x_2\\ \dot{x}_2=x_3\\ \dot{x}_3=u+x_1-x_3+x_1x_2+x_2^{2}+x_1x_3\sin v+(x_1^{2}+1)v\end{cases}$$

仿真过程中设计常数取值如下：$\beta=1$，$\boldsymbol{\Gamma}=100\boldsymbol{I}$，$\mu=0.0001$，$k=3$，状态变量 $(\boldsymbol{x},z)$ 的初始值设置分别为[0 0.1 0.1 0.2]。参数 $\hat{\boldsymbol{\theta}}$ 的初始值设置为 0，ζ

的初始值设置为 0，根据相应的常数设计，给出其控制律与自适应律为

$$v=\zeta^2\cos\zeta(\hat{\theta}^{\mathrm{T}}\xi-\sin(0.1t)-3e_{\mathrm{f}})$$

$$\dot{\hat{\theta}}=100I(e_{\mathrm{f}}\xi-0.0001\hat{\theta})$$

本章的在线逼近器中，基函数 ξ 由模糊系统形成，取模糊隶属度函数为

$$\begin{cases}\mu_i^1=\exp[-(x-0.4)^2]\\ \mu_i^2=\exp[-(x-0.2)^2]\\ \mu_i^3=\exp(-x^2)\\ \mu_i^4=\exp[-(x+0.2)^2]\\ \mu_i^5=\exp[-(x+0.4)^2]\end{cases}$$

仿真结果如图 4.1～图 4.4 所示。图 4.1 所示为输入非仿射情况下的系统控制输入曲线，图中显示控制信号有界；图 4.2 所示为输入非仿射情况下的闭环系统输出曲线（虚线）与参考信号曲线（实线），由图可以看出，在很短的时间内，系统达到稳定，稳定后的系统输出与参考信号基本吻合；图 4.3 所示为输入非仿射情况下的闭环系统跟踪误差曲线，即系统输出信号与跟踪目标信号之间的差，由图可以看出，该误差比较小，达到稳态后，其最大幅值小于 0.003，跟踪目标信号的幅值为 0.1，也就是说，跟踪误差小于 3%；图 4.4 所示为输入非仿射情况下的闭环系统 ζ 曲线，由图可知，$\zeta(t)$ 有界且稳定。

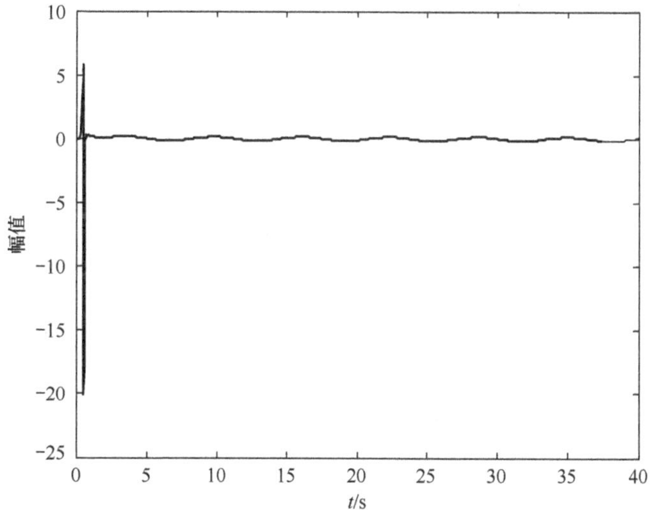

图 4.1　输入非仿射情况下的系统控制输入曲线

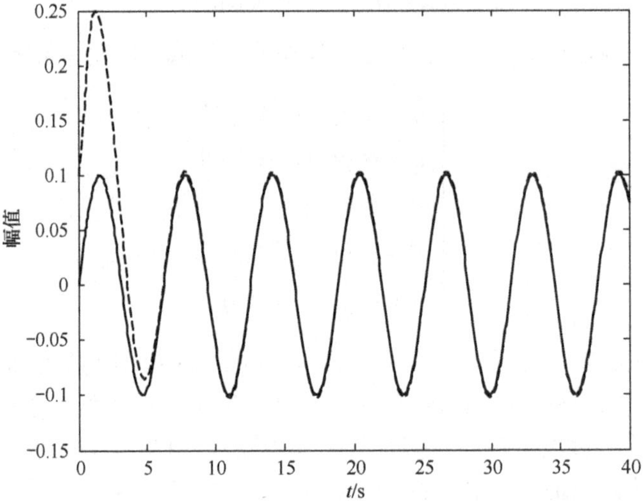

图 4.2　输入非仿射情况下的闭环系统输出曲线（虚线）与参考信号曲线（实线）

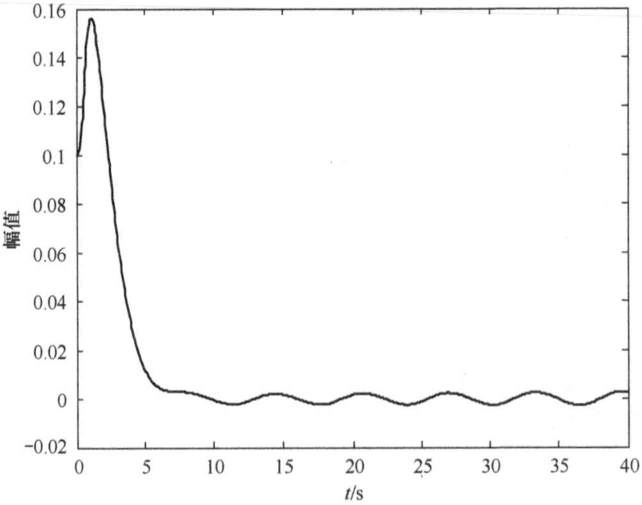

图 4.3　输入非仿射情况下的闭环系统跟踪误差曲线

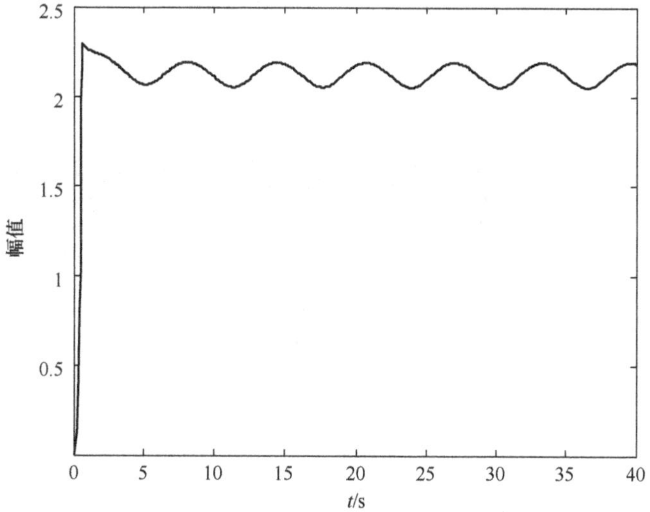

图 4.4 输入非仿射情况下的闭环系统 ζ 曲线

4.5 小结

本章主要讨论了输入/输出型非仿射系统的控制问题，给出了非仿射系统的控制器设计方法。首先应用 Lagrange 中值定理对系统进行变换，将非仿射系统转化为输入仿射系统；然后对仿射型系统进行控制器设计。控制器设计过程中主要应用了反馈线性化方法和在线逼近理论。针对存在严重不确定的情况，采用 Nussbaum 控制增益技术。根据 Lypunov 稳定性理论给出的稳定性分析表明，原系统式（4.1）与控制器组成的闭环系统一致最终有界。仿真试验表明，控制设计方法是有效的。

第 5 章　不确定纯反馈系统的动态面控制

5.1　引言

近二三十年来，具有下三角结构的系统控制问题是非线性控制领域中的一个热点问题，如严反馈系统和纯反馈系统的控制问题。从系统的结构上来看，纯反馈系统（式（1.19））比严反馈系统（式（1.20））的形式更复杂，适用范围更广泛。也正是由于纯反馈系统所具有的结构特点，纯反馈系统的控制器设计要比严反馈系统的控制器设计复杂得多。

很多文献对严反馈系统各种情况下的控制问题进行了研究，例如，学者王丹等对严反馈系统的控制问题进行了研究，为了克服传统后推算法带来的控制器复杂程度爆炸性增长的问题，他们将动态面控制器设计方法引入包含未知非线性的严反馈系统，给出了相关严反馈系统的控制器设计方法；学者葛树志等采用 Nussbaum 控制增益技术对控制增益（控制方向）未知的严反馈系统的控制问题进行了研究。

对于纯反馈系统的研究不是很多，下面给出一些与该类系统的研究进展。学者 Su R 等在其相关文献中提到了一类具有某种特殊形式的非线性系统，并将这种特殊形式的系统定义为纯反馈系统；学者 Nam K 等为一类参数不确定的仿射纯反馈系统提出了一种模型参考自适应控制设计方法；学者 Kanellakopoulos 等研究了一类可反馈线性化的非线性系统与参数未知的纯反馈系统以及参数未知的严反馈系统之间相互转化的充要条件，并基于后推算法为参数未知的纯反馈系统设计了控制器。随后，出现了一些基于后推算法为纯反馈系统设计控制器的文章，对具有不同形式的纯反馈系统进行了研究，包括控制增益为常数的纯反馈系统、控制增益包含未知参数或未知非线性项的纯反馈系统、具有未知时滞的纯反馈系统等；为了避免控制器循环构造问题，学者王丹等将动态面控制器设计方法引入纯反馈系统的控制中；最近出现的研究纯反馈系统的文章大都以研究非仿射形式的纯反馈系统为主，关于非仿射纯反馈系统的相关文献将在第 6 章介绍。

在学者王丹等的研究基础上，本章考虑了一类控制增益为符号已知的未知函数的输入仿射纯反馈系统的控制问题。结合在线逼近技术和后推技术，针对该类系统提出了一种动态面控制器设计方案。动态面控制技术在此主要起两个作用：一个是克服由传统后推技术带来的控制器复杂程度爆炸性增长问题；另一个是防止采用传统后推算法为纯反馈系统进行控制器设计时引起的控制项循环构造问题。给出的控制器可以保证闭环系统一致最终有界。本章内容安排如下。

为了说明传统后推算法在纯反馈系统中应用存在的控制项循环构造问题，5.2 节以 2 阶单输入单输出纯反馈系统为例，对其进行控制器设计，展示在纯反馈系统的控制设计过程中应用传统后推算法带来的控制器复杂程度爆炸性增长问题和控制项 u 的循环构造问题；5.3 节给出了 n 阶情况下的纯反馈系统动态面控制器设计方法并根据 Lyapunov 稳定性理论对闭环系统的稳定性进行了分析；5.4 节给出了仿真试验，对控制器设计方法的可行性进行了验证。

5.2　输入仿射纯反馈不确定系统控制器设计过程中的问题

考虑以下单输入单输出系统，即

$$\begin{cases}\dot{x}_1 = f_1(\bar{\boldsymbol{x}}_2) + g_1(\bar{\boldsymbol{x}}_2)x_2 \\ \dot{x}_2 = f_2(\bar{\boldsymbol{x}}_2) + g_2(\bar{\boldsymbol{x}}_2)u \\ y = x_1\end{cases} \tag{5.1}$$

式中：$\bar{\boldsymbol{x}}_2$ 为系统状态，$\bar{\boldsymbol{x}}_2 = [x_1, x_2]^{\mathrm{T}} \in \mathbf{R}^2$；$u$ 为控制输入，$u \in \mathbf{R}$；y 为系统输出，$y \in \mathbf{R}$；函数 $f_i(\cdot)$、$g_i(\cdot)(1 \leqslant i \leqslant 2)$ 为连续可微的未知函数且 $g_i(\cdot) \neq 0$，$f_i(\cdot)$ 可包含系统未知非线性项、连续的扰动以及未建模动态等；函数 $g_i(\cdot)(i=1,2)$ 的导数有界，也就是说，函数 $g_i(\cdot),(i=1,2)$ 的导数满足下列不等式，即

$$|\dot{g}_i(\cdot)| \leqslant \bar{g}(\cdot) \quad i = 1,2$$

式中：$\bar{g}(\cdot)$ 为已知函数。

由于函数 $g_i(\cdot) \neq 0$ 且连续，所以函数 $g_i(\cdot)$ 要么是正的，要么是负的。不失一般性，本章假设 $g_i(\cdot) > 0,(i=1,2)$。

利用传统后推算法分两步给出控制器，其步骤如下。

第 1 步：考虑式（5.1）的第一个子系统，设 $e_1 = x_1 - y_{\mathrm{r}}$，$\alpha_2$ 表示该子系统的虚拟控制律，令 $e_2 = x_2 - \alpha_2$，对 e_1 求导可得

$$\dot{e}_1 = f_1(\bar{\boldsymbol{x}}_2) + g_1(\bar{\boldsymbol{x}}_2)x_2 - \dot{y}_{\mathrm{r}} \tag{5.2}$$

考虑函数$V_1=\dfrac{1}{2g_1(\bar{\boldsymbol{x}}_2)}e_1^2+\dfrac{1}{2}\tilde{\boldsymbol{\theta}}_1^{\mathrm{T}}\boldsymbol{\Gamma}_1^{-1}\tilde{\boldsymbol{\theta}}_1$，对该函数求导可得：

$$\begin{aligned}\dot{V}_1&=\frac{e_1\dot{e}_1}{g_1(\bar{\boldsymbol{x}}_2)}-\frac{\dot{g}_1(\bar{\boldsymbol{x}}_2)}{2g_1^2(\bar{\boldsymbol{x}}_2)}e_1^2-\tilde{\boldsymbol{\theta}}_1^{\mathrm{T}}\boldsymbol{\Gamma}_1^{-1}\dot{\hat{\boldsymbol{\theta}}}_1\leqslant\\&e_1\left(\frac{f_1(\bar{\boldsymbol{x}}_2)-\dot{y}_{\mathrm{r}}}{g_1(\bar{\boldsymbol{x}}_2)}+\frac{\bar{g}_1}{2g_1^2}e_1+\boldsymbol{x}_2\right)-\tilde{\boldsymbol{\theta}}_1^{\mathrm{T}}\boldsymbol{\Gamma}_1^{-1}\dot{\hat{\boldsymbol{\theta}}}_1\end{aligned}\tag{5.3}$$

给定一个紧致集$\Omega_1\subset\mathbf{R}^4$，根据在线逼近理论，对于任意的$(x_1,x_2,\dot{y}_{\mathrm{r}},e_1)\in\Omega_1$，都存在一个理想的$\boldsymbol{\theta}_1^*$、$\boldsymbol{\varepsilon}_1^*$，使得

$$\frac{f_1(\bar{\boldsymbol{x}}_2)-\dot{y}_{\mathrm{r}}}{g_1(\bar{\boldsymbol{x}}_2)}+\frac{\bar{g}}{2g_1^2}e_1=\boldsymbol{\theta}_1^*\xi_1+\varepsilon_1^*\tag{5.4}$$

式中：$|\varepsilon_1^*|\leqslant\varepsilon$，$\forall\varepsilon>0$。

选取虚拟控制律为

$$\alpha_2=-k_1e_1-\hat{\boldsymbol{\theta}}_1\xi_1\tag{5.5}$$

$\hat{\boldsymbol{\theta}}_1$为$\boldsymbol{\theta}_1^*$的估计，其自适应律为

$$\dot{\hat{\boldsymbol{\theta}}}_1=\boldsymbol{\Gamma}_1(e_1\xi_1-\gamma\hat{\boldsymbol{\theta}}_1)\tag{5.6}$$

第 2 步：考虑式（5.1）的第二个子系统，对$e_2=x_2-\alpha_2$求导可得

$$\dot{e}_2=f_2(\bar{\boldsymbol{x}}_2)+g_2(\bar{\boldsymbol{x}}_2)u-\dot{\alpha}_2\tag{5.7}$$

其中

$$\begin{aligned}\dot{\alpha}_2&=\frac{\partial\alpha_2}{\partial x_1}\dot{x}_1+\frac{\partial\alpha_2}{\partial x_2}\dot{x}_2+\frac{\partial\alpha_2}{\partial y_{\mathrm{r}}}\dot{y}_{\mathrm{r}}+\frac{\partial\alpha_2}{\partial\hat{\boldsymbol{\theta}}_1}\dot{\hat{\boldsymbol{\theta}}}_1\\&=\frac{\partial\alpha_2}{\partial x_1}\dot{x}_1+\frac{\partial\alpha_2}{\partial\dot{y}_{\mathrm{r}}}\ddot{y}_{\mathrm{r}}+\frac{\partial\alpha_2}{\partial\hat{\boldsymbol{\theta}}_1}\dot{\hat{\boldsymbol{\theta}}}_1+\frac{\partial\alpha_2}{\partial x_2}(f_2(\bar{\boldsymbol{x}}_2)+g_2(\bar{\boldsymbol{x}}_2)u)\end{aligned}\tag{5.8}$$

由式（5.8）可以看出，$\dot{\alpha}_2$中包含控制项u，因此在线逼近器对包含$\dot{\alpha}_2$的不确定项进行逼近的表达式不能用于构造控制器；否则会造成控制项循环构造的问题。为了避免这个问题，可以将控制项u从$\dot{\alpha}_2$中分离出来，可以将式（5.7）中的$\dot{\alpha}_2$用式（5.8）代替，得到以下等式，即

$$\begin{aligned}\dot{e}_2=&\left(1-\frac{\partial\alpha_2}{\partial x_2}\right)f_2(\bar{\boldsymbol{x}}_2)-\frac{\partial\alpha_2}{\partial x_1}\dot{x}_1-\frac{\partial\alpha_2}{\partial\dot{y}_{\mathrm{r}}}\ddot{y}_{\mathrm{r}}-\\&\frac{\partial\alpha_2}{\partial\hat{\boldsymbol{\theta}}_1}\dot{\hat{\boldsymbol{\theta}}}_1+\left(1-\frac{\partial\alpha_2}{\partial x_2}\right)g_2(\bar{\boldsymbol{x}}_2)u\end{aligned}\tag{5.9}$$

然而，这种办法虽然避免了控制项的循环构造问题，但也带来了许多麻烦。由于α_2、$\dot{\hat{\boldsymbol{\theta}}}_1$已知，所以$-\dfrac{\partial\alpha_2}{\partial x_1}\dot{x}_1-\dfrac{\partial\alpha_2}{\partial\dot{y}_{\mathrm{r}}}\ddot{y}_{\mathrm{r}}-\dfrac{\partial\alpha_2}{\partial\hat{\boldsymbol{\theta}}_1}\dot{\hat{\boldsymbol{\theta}}}$也是已知的，在设计控制

器时，该部分不需要用逼近器来逼近，可以出现在下一步的控制器中，这将导致下一步控制器的项数剧增，即形成所谓的控制器复杂程度爆炸性增长的问题。即使不考虑这个问题，要为式（5.9）按照第一步的方式构造控制器也是很困难的。首先，要确定控制增益部分$\left(1-\frac{\partial\alpha_2}{\partial x_2}\right)g_2(\bar{\boldsymbol{x}}_2)\neq 0$，可参考文献[80]中的方法来判断；其次要判断它的符号情况，由于已经假设函数$g_2(\bar{\boldsymbol{x}}_2)>0$，所以只要确定$1-\frac{\partial\alpha_2}{\partial x_2}$的符号情况就可以确定控制增益的情况。然而，$1-\frac{\partial\alpha_2}{\partial x_2}$的符号是难以确定的。这些情形与严反馈系统控制器设计的情形是不相同的，也正是纯反馈系统控制器设计的复杂之处。由此可见，通过上述将控制项 u 分离出来避免控制项循环构造问题的办法是难以实施的，不能根据第一步的方法为所讨论系统设计控制器。为了克服这些困难，本书采用动态面控制设计方法对控制增益为符号已知的函数的纯反馈系统进行控制器设计。

5.3　n 维纯反馈系统控制器设计

考虑以下单输入单输出系统，即

$$\begin{cases}\dot{x}_i=f_i(\bar{\boldsymbol{x}}_{i+1})+g_i(\bar{\boldsymbol{x}}_{i+1})x_{i+1} & 1\leqslant i\leqslant n-1\\ \dot{x}_n=f_n(\bar{\boldsymbol{x}}_n)+g_n(\bar{\boldsymbol{x}}_n)u \\ y=x_1\end{cases}\tag{5.10}$$

式中：$\bar{\boldsymbol{x}}_i$ 为系统状态，$\bar{\boldsymbol{x}}_i=[x_1,x_2,x_3,\cdots,x_i]^{\mathrm{T}}\in\mathbf{R}^i$；$u$ 为控制输入，$u\in\mathbf{R}$；y 为系统输出，$y\in\mathbf{R}$；函数 $f_i(\cdot)$、$g_i(\cdot)(1\leqslant i\leqslant n)$ 为光滑可微的未知函数，其中，$f_i(\cdot)$ 可包含系统中的未知非线性项、连续的扰动以及未建模动态等。

本章的研究目的是设计一个自适应动态面控制器，使得系统式（5.10）在所给控制器的作用下一致最终有界。为此，对上述系统做以下假设。

假设 5.1　系统的状态变量可测。

假设 5.2　给定的参考信号 y_{r} 连续可导，导数 $\dot{y}_{\mathrm{r}}$、$\ddot{y}_{\mathrm{r}}$ 有界且连续。

假设 5.3　函数 $g_i(\cdot)$ 及其导数有界，即存在正数 $g_{iu}\geqslant g_{il}\geqslant 0$ 使得 $g_{iu}\geqslant|g_i(\cdot)|\geqslant g_{il}$；存在已知函数 $\bar{g}(\cdot)$，使得$|\dot{g}_i(\cdot)|\leqslant\bar{g}_i(\cdot)$成立。

与传统的后推算法相同，系统式（5.10）的动态面控制器设计也分为 n 步进行，每一步都为子系统设计一个虚拟控制律，在最后一步得到系统的控制律 u。

第 1 步：考虑式（5.10）中的第一个子系统，即

$$\dot{x}_1=f_1(\bar{\boldsymbol{x}}_2)+g_1(\bar{\boldsymbol{x}}_2)x_2\tag{5.11}$$

设误差面$e_1 = x_1 - y_r$，对e_1求导可得

$$\dot{e}_1 = f_1(\bar{\boldsymbol{x}}_2) + g_1(\bar{\boldsymbol{x}}_2)x_2 - \dot{y}_r \tag{5.12}$$

考虑函数$V_1 = \dfrac{1}{2g_1(\bar{\boldsymbol{x}}_2)}e_1^2$，对该函数求导可得

$$\dot{V}_1 = \frac{e_1\dot{e}_1}{g_1(\bar{\boldsymbol{x}}_2)} - \frac{\dot{g}_1(\bar{\boldsymbol{x}}_2)}{2g_1^2(\bar{\boldsymbol{x}}_2)}e_1^2 \leqslant e_1\left(\frac{f_1(\bar{\boldsymbol{x}}_2) - \dot{y}_r}{g_1(\bar{\boldsymbol{x}}_2)} + \frac{\bar{g}_1(\bar{\boldsymbol{x}}_2)}{2g_1^2(\bar{\boldsymbol{x}}_2)}e_1 + x_2\right) \tag{5.13}$$

根据在线逼近理论，存在紧致集$\Omega_1 \subset \mathbf{R}^4$，对于任意的$(x_1, x_2, \dot{y}_r, e_1) \in \Omega_1$，都有理想的$\theta_1^*$、$\varepsilon_1^*$，使得下列式子成立，即

$$\frac{f_1(\bar{\boldsymbol{x}}_2) - \dot{y}_r}{g_1(\bar{\boldsymbol{x}}_2)} + \frac{\bar{g}_1(\bar{\boldsymbol{x}}_2)}{2g_1^2(\bar{\boldsymbol{x}}_2)}e_1 = \boldsymbol{\theta}_1^*\xi_1 + \varepsilon_1^* \tag{5.14}$$

式中：$|\varepsilon_1^*| \leqslant \varepsilon$，$\forall \varepsilon > 0$。

针对子式（5.12），选取虚拟控制律为

$$\alpha_2 = -k_1e_1 - \hat{\theta}_1\xi_1 \tag{5.15}$$

$\hat{\theta}_1$为θ_1^*的估计，其自适应律为

$$\dot{\hat{\theta}}_1 = \boldsymbol{\Gamma}_1(e_1\xi_1 - \gamma\hat{\theta}_1) \tag{5.16}$$

式中：$\boldsymbol{\Gamma}_1$为可调节的常数矩阵，$\boldsymbol{\Gamma}_1 = \boldsymbol{\Gamma}_1^{\mathrm{T}} > 0$；$\gamma$为可调常数。

定义新的变量z_2，虚拟控制律α_2通过时间常数为β_2的一阶滤波器得到z_2，即

$$\beta_2\dot{z}_2 + z_2 = \alpha_2 \tag{5.17}$$

第i步$(2 \leqslant i \leqslant n-1)$：考虑式（5.11）中的第$i$个子系统，即

$$\dot{x}_i = f_i(\bar{\boldsymbol{x}}_{i+1}) + g_i(\bar{\boldsymbol{x}}_{i+1})x_{i+1} \tag{5.18}$$

设$e_i = x_i - z_i$，$z_i(3 \leqslant i \leqslant n)$的定义随后给出。对动态误差面$e_i = x_i - z_i$进行求导可得

$$\dot{e}_i = \dot{x}_i - \dot{z}_i = f_i(\bar{\boldsymbol{x}}_{i+1}) + g_i(\bar{\boldsymbol{x}}_{i+1})x_{i+1} - \dot{z}_i \tag{5.19}$$

考虑函数$V_i = \dfrac{1}{2g_i(\bar{\boldsymbol{x}}_{i+1})}e_i^2$，对该函数求导可得

$$\dot{V}_i = \frac{e_i\dot{e}_i}{g_i(\bar{\boldsymbol{x}}_{i+1})} - \frac{\dot{g}_i(\bar{\boldsymbol{x}}_i)}{2g_i^2(\bar{\boldsymbol{x}}_{i+1})}e_i^2 \leqslant e_i(\frac{f_i(\bar{\boldsymbol{x}}_{i+1}) - \dot{z}_i}{g_i(\bar{\boldsymbol{x}}_{i+1})} + \frac{\bar{g}_i(\bar{\boldsymbol{x}}_{i+1})}{2g_i^2(\bar{\boldsymbol{x}}_{i+1})}e_i + x_{i+1}) \tag{5.20}$$

根据在线逼近理论，存在一个紧致集$\Omega_i \subset \mathbf{R}^{i+3}$，对于任意的$(\bar{\boldsymbol{x}}_{i+1}, \dot{z}_i, e_i) \in \Omega_i$，都有$\theta_i^*, \varepsilon_i^*$，使得

$$\frac{f_i(\bar{\boldsymbol{x}}_{i+1}) - \dot{z}_i}{g_i(\bar{\boldsymbol{x}}_{i+1})} + \frac{\bar{g}_i(\bar{\boldsymbol{x}}_{i+1})}{2g_i^2(\bar{\boldsymbol{x}}_{i+1})}e_i = \theta_i^*\xi_i + \varepsilon_i^* \tag{5.21}$$

式中：$|\varepsilon_i^*| \leqslant \varepsilon$，$\forall \varepsilon > 0$。

针对子式（5.19），选取虚拟控制律为

$$\alpha_i = -e_{i-1} - k_i e_i - \hat{\theta}_i \xi_i \tag{5.22}$$

$\hat{\theta}_i$ 为 θ_i^* 的估计，其自适应律为

$$\dot{\hat{\theta}}_i = \boldsymbol{\Gamma}_i (e_i \xi_i - \gamma \hat{\theta}_i) \tag{5.23}$$

式中：$\boldsymbol{\Gamma}_i$ 为可调节的常数矩阵，$\boldsymbol{\Gamma}_i = \boldsymbol{\Gamma}_i^{\mathrm{T}} > 0$。

定义新的变量 z_{i+1}，虚拟控制律 α_{i+1} 通过时间常数为 β_{i+1} 的一阶滤波器得到 z_{i+1}，即

$$\beta_{i+1}\dot{z}_{i+1} + z_{i+1} = \alpha_{i+1} \tag{5.24}$$

第 n 步：考虑式（5.10）中的第 n 个子系统，即

$$\dot{x}_n = f_n(\bar{\boldsymbol{x}}_n) + g_n(\bar{\boldsymbol{x}}_n)u \tag{5.25}$$

设误差面 $e_n = x_n - z_n$，对其求导可得

$$\dot{e}_n = f_n(\bar{\boldsymbol{x}}_n) + g_n(\bar{\boldsymbol{x}}_n)u - \dot{z}_n \tag{5.26}$$

考虑函数 $V_n = \dfrac{1}{2g_n(\bar{\boldsymbol{x}}_n)} e_n^2$，对该函数求导可得

$$\dot{V}_n = \frac{e_n \dot{e}_n}{g_n(\bar{\boldsymbol{x}}_n)} - \frac{\dot{g}_n(\bar{\boldsymbol{x}}_n)}{2g_n^2(\bar{\boldsymbol{x}}_n)} e_n^2 \leqslant e_n \left(\frac{f_n(\bar{\boldsymbol{x}}_n) - \dot{z}_n}{g_n(\bar{\boldsymbol{x}}_n)} + \frac{\bar{g}_n(\bar{\boldsymbol{x}}_n)}{2g_n^2(\bar{\boldsymbol{x}}_n)} e_n + u \right) \tag{5.27}$$

根据在线逼近理论，存在一个紧致集 $\Omega_n \subset \mathbf{R}^{n+2}$，对于任意的 $(\bar{\boldsymbol{x}}_n, \dot{z}_n, e_n) \in \Omega_n$，都有理想的 θ_n^*、ε_n^*，使得

$$\frac{f_n(\bar{\boldsymbol{x}}_n) - \dot{z}_n}{g_n(\bar{\boldsymbol{x}}_n)} + \frac{\bar{g}_n(\bar{\boldsymbol{x}}_n)}{2g_n^2(\bar{\boldsymbol{x}}_n)} e_n = \theta_n^* \xi_n + \varepsilon_n^* \tag{5.28}$$

式中：$|\varepsilon_n^*| \leqslant \varepsilon$，$\forall \varepsilon > 0$。

针对子式（5.26），选取控制律为

$$u = -e_{n-1} - k_n e_n - \hat{\theta}_n \xi_n \tag{5.29}$$

$\hat{\theta}_n$ 为 θ_n^* 的估计，其自适应律为

$$\dot{\hat{\theta}}_n = \boldsymbol{\Gamma}_n (e_n \xi_n - \gamma \hat{\theta}_n) \tag{5.30}$$

式中：$\boldsymbol{\Gamma}_n$ 为可调节的常数矩阵，$\boldsymbol{\Gamma}_n = \boldsymbol{\Gamma}_n^{\mathrm{T}} > 0$。

定理 5.1　如果式（5.10）满足所给假设 5.1～假设 5.3，在虚拟控制律 $\alpha_i (i = 1,2,\cdots, n-1)$、控制律 u、自适应律 $\dot{\hat{\theta}}_i$（$i = 1,2,\cdots,n$）的作用下，给定状态的初始值满足 $(x_1(0), x_2(0)) \in \Omega_1$，$\bar{\boldsymbol{x}}_3(0) \in \Omega_2$，$\cdots$，$\bar{\boldsymbol{x}}_n(0) \in \Omega_n$，那么存在 γ，$\boldsymbol{\Gamma}_i (1 \leqslant i \leqslant n)$ 以及 $k_i (1 \leqslant i \leqslant n)$ 使得闭环系统最终一致有界。

证明：设 $\tilde{\theta}_i = \theta_i^* - \hat{\theta}_i$

考虑待定 Lyapunov 函数

$$V = \sum_{i=1}^{n}\left(\frac{e_i^2}{2g_i} + \frac{1}{2}\tilde{\theta}_i^{\mathrm{T}}\boldsymbol{\Gamma}_i^{-1}\tilde{\theta}_i\right) + \sum_{i=1}^{n-1}\frac{1}{2}y_{i+1}^2 \tag{5.31}$$

式中：$y_{i+1} = z_{i+1} - \alpha_{i+1}$。

对函数 V 在式（5.10）方向求关于时间 t 的导数可得

$$\dot{V} = \sum_{i=1}^{n}\left(\frac{e_i\dot{e}_i}{g_i} - \frac{\dot{g}_i e_i^2}{2g_i^2} - \tilde{\theta}_i^{\mathrm{T}}\boldsymbol{\Gamma}_i^{-1}\dot{\hat{\theta}}_i\right) + \sum_{i=1}^{n-1}y_{i+1}\dot{y}_{i+1} \tag{5.32}$$

将式（5.10）代入式（5.32）并根据 $x_{i+1} = x_{i+1} - z_{i+1} + z_{i+1} - \alpha_{i+1} + \alpha_{i+1} = e_{i+1} + y_{i+1} + \alpha_{i+1}$ 以及式（5.13）、式（5.20）和式（5.27），可得

$$\begin{aligned}\dot{V} = &\sum_{i=2}^{n-1}\left[e_i(\theta_i^*\xi_i + \varepsilon_i^* + e_{i+1} + y_{i+1} + \alpha_{i+1}) - \tilde{\theta}_i^{\mathrm{T}}\boldsymbol{\Gamma}_i^{-1}\dot{\hat{\theta}}_i\right] + \sum_{i=1}^{n-1}y_{i+1}\dot{y}_{i+1} + \\ &e_1(\theta_1^*\xi_1 + \varepsilon_1^* + e_2 + y_2 + \alpha_2) - \tilde{\theta}_1^{\mathrm{T}}\boldsymbol{\Gamma}_1^{-1}\dot{\hat{\theta}}_1 + \\ &e_n(\theta_n^*\xi_n + \varepsilon_n^* + u) - \tilde{\theta}_n^{\mathrm{T}}\boldsymbol{\Gamma}_n^{-1}\dot{\hat{\theta}}_n\end{aligned} \tag{5.33}$$

将虚拟控制律和控制律代入式（5.33）可得

$$\begin{aligned}\dot{V} = &\sum_{i=2}^{n-1}\left(-k_i e_i^2 + \tilde{\theta}_i\xi_i e_i + \varepsilon_i^* e_i + e_i e_{i+1} + e_i y_{i+1} - e_{i-1}e_i - \tilde{\theta}_i^{\mathrm{T}}\boldsymbol{\Gamma}_i^{-1}\dot{\hat{\theta}}_i\right) + \\ &\sum_{i=1}^{n-1}y_{i+1}\dot{y}_{i+1} - k_1 e_1^2 + \tilde{\theta}_1\xi_1 e_1 + \varepsilon_1^* e_1 + e_2 e_1 + e_1 y_2 - \tilde{\theta}_1^{\mathrm{T}}\boldsymbol{\Gamma}_1^{-1}\dot{\hat{\theta}}_1 - \\ &k_n e_n^2 + \tilde{\theta}_n\xi_n e_n + \varepsilon_n^* e_n - \tilde{\theta}_n^{\mathrm{T}}\boldsymbol{\Gamma}_n^{-1}\dot{\hat{\theta}}_n\end{aligned} \tag{5.34}$$

根据 Young 不等式 $ab \leqslant \dfrac{a^2}{4} + b^2$ 以及 $|\varepsilon_i^*| \leqslant \varepsilon$ 可知

$$\varepsilon_i^* e_i \leqslant \varepsilon^2 + \frac{e_i^2}{4} \tag{5.35}$$

$$e_i y_{i+1} \leqslant y_{i+1}^2 + \frac{e_i^2}{4} \tag{5.36}$$

将自适应律 $\dot{\hat{\theta}}_i (i = 1,2,3,\cdots,n)$ 以及式（5.35）和式（5.36）代入式（5.34）可以得到下面的不等式，即

$$\begin{aligned}\dot{V} \leqslant &\sum_{i=1}^{n-1}[-(k_i - \frac{1}{2})e_i^2 + \varepsilon_i^2 + y_{i+1}^2 - \gamma\tilde{\theta}_i^{\mathrm{T}}\hat{\theta}_i] + \\ &\sum_{i=1}^{n-1}y_{i+1}\dot{y}_{i+1} - (k_n - \frac{1}{4})e_n^2 - \gamma\tilde{\theta}_n^{\mathrm{T}}\hat{\theta}_n + \varepsilon_n^2\end{aligned} \tag{5.37}$$

因为

$$\dot{y}_{i+1}=\dot{z}_{i+1}+\dot{\alpha}_{i+1}=\frac{\alpha_{i+1}-z_{i+1}}{\beta_{i+1}}+\dot{\alpha}_{i+1}=-\frac{y_{i+1}}{\beta_{i+1}}+\dot{\alpha}_{i+1}$$

式中：$\dot{\alpha}_2=-k_2\dot{e}_1-\dot{\hat{\theta}}_1^{\mathrm{T}}\xi_1-\hat{\theta}_1^{\mathrm{T}}\dot{\xi}_1$，$\dot{\alpha}_{i+1}=-\dot{e}_{i-1}-k_i\dot{e}_i-\dot{\hat{\theta}}_i^{\mathrm{T}}\xi_i-\hat{\theta}_i^{\mathrm{T}}\dot{\xi}_i(i=2,3,4,\cdots,n-1)$，由于 $\dot{\alpha}_2$ 是关于变量 $(\bar{\boldsymbol{x}}_2,\dot{y}_{\mathrm{r}},\ddot{y}_{\mathrm{r}})$ 的连续函数，$\dot{\alpha}_{i+1}$ 是关于变量 $(\bar{\boldsymbol{x}}_{i+1},z_i)$ 的连续函数，又因为 $(\bar{\boldsymbol{x}}_2,\dot{y}_{\mathrm{r}},\ddot{y}_{\mathrm{r}})$，$(\bar{\boldsymbol{x}}_{i+1},z_i)$ 都属于紧致集，所以函数 $\dot{\alpha}_{i+1}$ 有界。设其界为 B_{i+1}，即 $|\dot{\alpha}_{i+1}|\leqslant B_{i+1}$。

又因为 $2\tilde{\theta}_i^{\mathrm{T}}\hat{\theta}_i\geqslant\|\tilde{\theta}_i\|^2-\|\theta_i^*\|^2$，则由不等式（5.37）可知

$$\begin{aligned}\dot{V}\leqslant&\sum_{i=1}^{n}\left[-k_ie_i^2-\frac{\gamma}{2\lambda_{\max}(\boldsymbol{\Gamma}_i^{-1})}\tilde{\theta}_i^{\mathrm{T}}\boldsymbol{\Gamma}_i^{-1}\tilde{\theta}+\frac{\gamma}{2}\|\theta_i^*\|^2+\varepsilon^2\right]+\\&\sum_{i=1}^{n-1}\left[y_{i+1}\left(-\frac{y_{i+1}}{\beta_{i+1}}+B_{i+1}\right)+y_{i+1}^2\right]\end{aligned}\tag{5.38}$$

式中：$k=\min\left\{k_i-\dfrac{1}{2},k_n-\dfrac{1}{4}\right\}$；

$$\begin{aligned}y_{i+1}\left(-\frac{y_{i+1}}{\beta_{i+1}}+B_{i+1}\right)+y_{i+1}^2=-\frac{y_{i+1}^2}{\beta_{i+1}}+y_{i+1}B_{i+1}+y_{i+1}^2\leqslant\\\left(\frac{3}{2}-\frac{1}{\beta_{i+1}}\right)y_{i+1}^2+\frac{1}{2}B_{i+1}^2\end{aligned}\tag{5.39}$$

所以有

$$\begin{aligned}\dot{V}\leqslant&\sum_{i=1}^{n}\left[-k_ie_i^2-\frac{\gamma}{2\lambda_{\max}(\boldsymbol{\Gamma}_i^{-1})}\tilde{\theta}_i^{\mathrm{T}}\boldsymbol{\Gamma}_i^{-1}\tilde{\theta}+\frac{\gamma}{2}\|\theta_i^*\|^2+\varepsilon^2\right]+\\&\sum_{i=1}^{n-1}\left[\left(\frac{3}{2}-\frac{1}{\beta_{i+1}}\right)y_{i+1}^2+\frac{1}{2}B_{i+1}^2\right]\end{aligned}\tag{5.40}$$

设 $\dfrac{\eta}{2}=\min\left\{k_i,\dfrac{\gamma}{2\lambda_{\max}(\boldsymbol{\Gamma}_i^{-1})},\dfrac{1}{\beta_{i+1}}-\dfrac{3}{2}\right\}$，那么

$$\dot{V}\leqslant-\eta V+\sum_{i=1}^{n}\left(\frac{\gamma}{2}\|\theta_M\|^2+\varepsilon^2\right)+\sum_{i=1}^{n-1}\frac{1}{2}B_{i+1}^2\tag{5.41}$$

当 $V\geqslant\left(\sum_{i=1}^{n}\left(\dfrac{\gamma}{2}\|\theta_M\|^2+\varepsilon^2\right)+\sum_{i=1}^{n-1}\dfrac{1}{2}B_{i+1}^2\right)/\eta$ 时，可得 $\dot{V}\leqslant 0$，也就是说，当给定的参数与初始值满足条件 $V\geqslant\left(\sum_{i=1}^{n}\left(\dfrac{\gamma}{2}\|\theta_M\|^2+\varepsilon^2\right)+\sum_{i=1}^{n-1}\dfrac{1}{2}B_{i+1}^2\right)/\eta$ 时，开始

于集合 $\left\{(\bar{s}_n,\bar{\theta}_n)|V \geqslant \left(\sum_{i=1}^{n}\left(\frac{\gamma}{2}\|\theta_M\|^2+\varepsilon^2\right)+\sum_{i=1}^{n-1}\frac{1}{2}B_{i+1}^2\right)/\eta\right\}$ 的系统信号轨迹会保留于该集合。

设 $\sum_{i=1}^{n}\left(\frac{\gamma}{2}\|\theta_M\|^2+\varepsilon^2\right)+\sum_{i=1}^{n-1}\frac{1}{2}B_{i+1}^2=A$，对式（5.41）两边同乘以 $e^{\eta t}$ 并在 $[0,t]$ 上进行积分可得

$$V(t)\leqslant V(0)e^{-\eta t}+\frac{A}{\eta}(1-e^{-\eta t}) \tag{5.42}$$

从式（5.42）可以看到，$e^{-\eta t}$ 有界，因此 $V(t)$ 有界。由 $V(t)$ 的定义可知闭环系统中的信号一致最终有界，因此信号 e_1 也是一致最终有界的。

注 5.1 学者王丹等考虑了纯反馈系统的 DSC 控制器设计问题，其纯反馈系统为仿射系统，系统的控制增益 g_i 为常数。学者侯广平等采用动态面控制器设计方法为非仿射纯反馈系统设计了控制器。在学者王丹等的研究基础上，本书将系统进一步扩展，研究了系统控制增益为符号已知的未知函数情况下的控制器设计问题，由于该函数未知，控制器设计的复杂程度大大增加。

5.4 仿真验证

考虑以下非线性系统，即

$$\begin{cases}\dot{x}_1=f_1(\bar{x}_2)+g_1(\bar{x}_2)x_2\\ \dot{x}_2=f_2(\bar{x}_2)+g_2(\bar{x}_2)u\\ y=x_1\end{cases}$$

为了仿真给出系统中的未知非线性函数为

$$\begin{cases}f_1(\cdot)=x_1x_2\\ f_2(\cdot)=x_1^2x_2^2\\ g_1(\cdot)=1+x_2^2+\exp(x_1^2)\\ g_2(\cdot)=2+2^{x_1x_2}\end{cases}$$

跟踪信号为 $y_r=\sin t$，参数取值设置如下：$k_1=5$，$k_2=9$，$\gamma=5$，$\boldsymbol{\Gamma}=50\boldsymbol{I}$，人工神经网络的点数都为 5×5×5×5，变量初始值选取为：$\bar{\boldsymbol{x}}(0)=0.2$，$\theta_1=0$，$\theta_2=0$。

仿真结果如图 5.1～图 5.4。图 5.1 所示为纯反馈系统控制输入曲线，从图中可以看出控制信号有界；图 5.2 所示为纯反馈系统跟踪误差曲线，跟踪信号的幅值为 1，跟踪误差信号的幅值小于 0.015，说明跟踪效果比较满意；图 5.3 所示为纯反馈闭环系统输出曲线（虚线）与参考信号曲线（实线），由图可

知，在所设计控制器的作用下，系统输出具有良好的跟踪性能；图 5.4 所示为纯反馈闭环系统的 e_2 曲线。

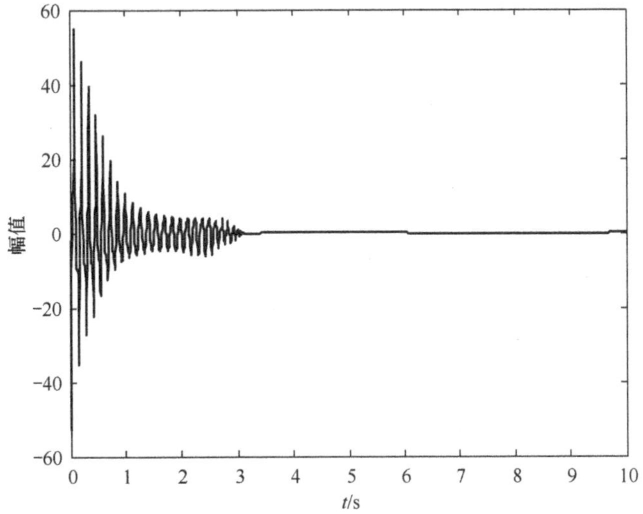

图 5.1　纯反馈系统控制输入曲线

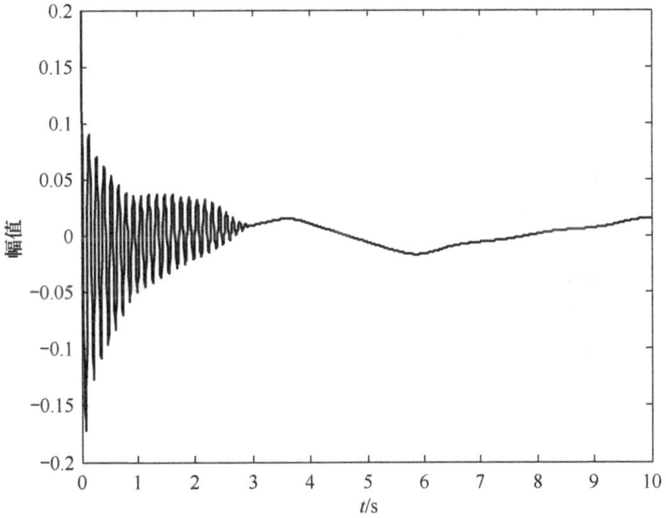

图 5.2　纯反馈系统跟踪误差曲线

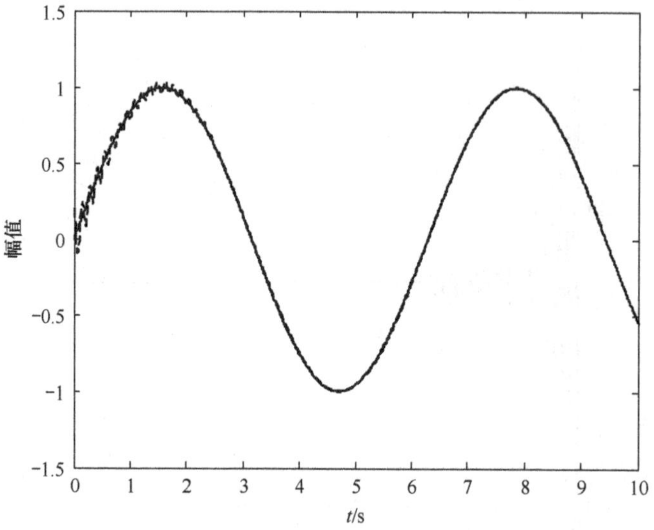

图 5.3　纯反馈闭环系统输出曲线（虚线）与参考信号曲线（实线）

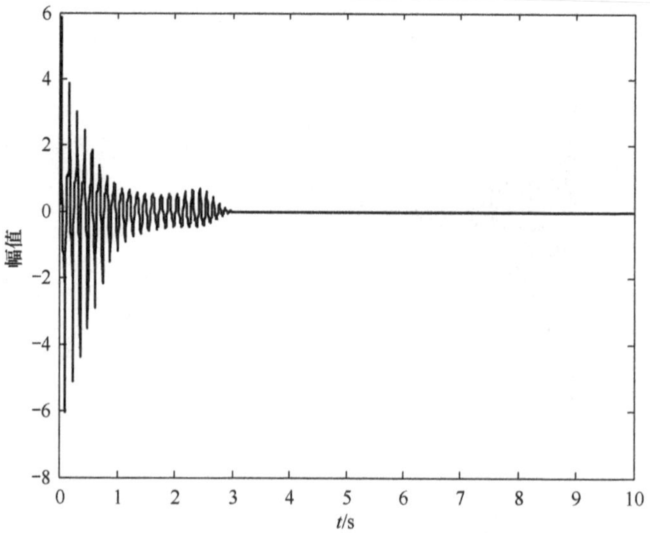

图 5.4　纯反馈闭环系统的 e_2 曲线

5.5 小结

本章给出了输入仿射型纯反馈系统的跟踪控制器设计方法。在控制器设计过程中，由于系统中存在未知非线性项，应用在线逼近器来逼近系统中的未知项，动态面控制技术用来解决传统后推算法中的控制器复杂程度爆炸性增长的问题以及纯反馈系统采用传统后推算法进行控制器设计引起的控制项循环构造问题，在所给控制器的作用下，系统一致最终有界，系统输出与参考信号之间的误差也一致最终有界。最后仿真部分给出仿真实例说明控制设计方法的有效性。

第 6 章　非仿射时滞纯反馈系统的自适应控制

6.1　引言

非仿射纯反馈系统是较仿射纯反馈系统更加普通的一种系统，仿射纯反馈系统以及严反馈系统都是非仿射纯反馈系统的特例。第 5 章介绍了一些有关仿射纯反馈系统的研究情况，对于非仿射纯反馈系统，由于虚拟控制项和控制项在系统中不是线性存在的，所以很难进行控制器设计。如第 4 章所说，对于非仿射系统的控制问题，可以应用 Lagrange 中值定理将虚拟控制项和控制项分离出来，将非仿射系统变成仿射系统，进而对系统进行控制器设计。

在应用 Lagrange 中值定理的基础上，很多学者对非仿射纯反馈系统的控制问题进行了研究，例如，学者葛树志等对一类非仿射纯反馈系统的控制问题进行了研究，但其所研究系统的第 $n-1$ 和第 n 个子系统具有严反馈形式；学者王聪等对完全非仿射纯反馈系统的控制问题进行了研究，在证明闭环系统稳定时，引入了输入状态稳定性理论；学者杜红彬等也对包含扰动的非仿射纯反馈系统的控制问题进行了研究，在控制设计过程中应用了 Nussbaum 控制增益技术，使得控制器设计方法适用范围更加广泛；学者侯增广等也对该类系统进行了研究，在进行系统稳定性分析时应用的 Lyapunov 函数为双曲余弦的自然对数函数；学者刘艳军等考虑了时滞存在情况下的非仿射纯反馈系统的控制问题；学者任贝贝等考虑了含有输入滞后情况下的非仿射纯反馈系统的控制问题；当然，对该类系统在离散情况下的控制问题也有学者进行了研究，如学者葛树志等。

国外学者 Park J H 等也对非仿射纯反馈系统的控制问题进行了研究，但采用的方法与上述方法完全不同。首先将非仿射纯反馈系统转化为一类可反馈线性化的系统，然后为其设计了输出反馈控制器。学者 Kanellakopoulos 等给出了将可反馈线性化系统与纯反馈系统相互转化的充要条件，把反馈线性化系统转化为纯反馈系统来进行控制器设计。两位学者为纯反馈系统提出的控制器设计方法正好相反。

在以上工作的基础上，本章主要考虑不确定非仿射纯反馈时滞系统的控制问题。本章内容如下：6.2 节对所研究问题进行了描述；6.3 节给出了控制器的设计过程，基于 Lyapunov 稳定性理论，对闭环系统的稳定性进行了分析，得到系统中所有信号一致最终有界的结果；为了说明控制设计方法的有效性，6.4 节给出了仿真验证。

6.2　问题描述

考虑以下一类系统，即

$$\begin{cases}\dot{x}_i = f_i(\overline{\boldsymbol{x}}_i, x_{i+1}) + h_i(\overline{\boldsymbol{x}}_i(t-\tau_i)) \quad 1 \leqslant i \leqslant n-1 \\ \dot{x}_n = f_n(\overline{\boldsymbol{x}}_n, u) + h_n(\overline{\boldsymbol{x}}_n(t-\tau_n)) \\ y = x_1\end{cases} \tag{6.1}$$

式中：$\overline{\boldsymbol{x}}_i$ 为系统的状态变量，$\overline{\boldsymbol{x}}_i = [x_1, x_2, \cdots, x_i]^{\mathrm{T}} \in \mathbf{R}^i (i=1,2,3,\cdots,n)$；$u$ 为系统的控制输入，$u \in \mathbf{R}$；y 为系统的输出，$y \in \mathbf{R}$；函数 $f_i(\cdot)$ 以及函数 $h_i(\cdot)(i=1,2,3,\cdots,n)$ 表示未知光滑函数；$\tau_i(i=1,2,3,\cdots,n)$ 表示状态变量的未知时滞。

为了给系统式（6.1）设计控制器，需要将系统由输入非仿射形式变为输入仿射形式，根据引理 4.1（Lagrange 中值定理）可以知道

$$f_i(\overline{\boldsymbol{x}}_i, x_{i+1}) - f_i(\overline{\boldsymbol{x}}_i, x_{i+1}^*) = g_i(x_{i+1} - x_{i+1}^*) \quad 1 \leqslant i \leqslant n$$

因此函数 f_i 可以写为

$$f_i(\overline{\boldsymbol{x}}_i, x_{i+1}) = f_i(\overline{\boldsymbol{x}}_i, x_{i+1}^*) + g_i(x_{i+1} - x_{i+1}^*)$$

式中：$g_i = g_i(\overline{\boldsymbol{x}}_i, \lambda_i x_{i+1} + (1-\lambda_i)x_{i+1}^*) = \dfrac{\partial f_i(\overline{\boldsymbol{x}}_i, x_{i+1})}{\partial x_{i+1}}\Big|_{x_{i+1}=x_{\lambda_i}}$，$x_{\lambda_i} = \lambda_i x_{i+1} + (1-\lambda_i)x_{i+1}^*$，$0 < \lambda_i \leqslant 1 (1 \leqslant i \leqslant n)$，$x_{n+1} = u$，$x_{n+1}^* = u^*$，$x_{i+1}^* \in \mathbf{R}$。

由于 x_{i+1}^* 取值于实数域，所以取 $x_{i+1}^* = 0$，于是有

$$f_i(\overline{\boldsymbol{x}}_i, x_{i+1}) = f_i(\overline{\boldsymbol{x}}_i, 0) + g_i x_{i+1} \tag{6.2}$$

且有

$$g_i = g_i(\overline{\boldsymbol{x}}_i, \lambda_i x_{i+1})$$

根据式（6.2），式（6.1）可以转化为

$$\begin{cases}\dot{x}_i = f_i(\overline{\boldsymbol{x}}_i, 0) + g_i(\overline{\boldsymbol{x}}_i, \lambda_i x_{i+1}) x_{i+1} + h_i(\overline{\boldsymbol{x}}_{i+1}(t-\tau_i)) \quad 1 \leqslant i \leqslant n-1 \\ \dot{x}_n = f_n(\overline{\boldsymbol{x}}_n, 0) + g_n(\overline{\boldsymbol{x}}_n, \lambda_n u) u + h_n(\overline{\boldsymbol{x}}_n(t-\tau_n)) \\ y = x_1\end{cases} \tag{6.3}$$

接下来为式（6.3）设计一个跟踪控制器，使得该系统一致最终有界，即系统中的所有信号一致最终有界，这样就可以使得该系统的输出 y 与给定的参考信号 y_{r} 之间的误差是一致最终有界的。

为上述系统设计控制器时需要满足下面假设。

假设 6.1 状态向量 $\bar{x}_n$ 可测。

假设 6.2 设函数 g_i 连续且存在已知正数 $0 < g_{\min} \leqslant g_{\max}$，使得 $g_{\min} \leqslant |g_i| \leqslant g_{\max}$。

假设 6.3 存在一个已知函数 h_{im} 和已知常数 τ_m，使得 $|h_i(\cdot)| \leqslant |h_{im}(\cdot)|$，$\tau_i \leqslant \tau_m$ $(1 \leqslant i \leqslant n)$ 也就是说未知函数 $h_i(\cdot)$ 和未知时滞 τ_i 是有界的。

假设 6.4 参考信号 $y_{\mathrm{r}}(t)$ 是有界且连续可微的，$\dot{y}_{\mathrm{r}}(t)$ 和 $y_{\mathrm{r}}^{(2)}(t)$ 有界。

6.3 控制器设计及闭环系统的稳定性分析

6.3.1 控制器设计

在设计控制器之前，先介绍一个函数 $q_i(s_i, c_{s_i})$，在控制器的设计中，需要用到该函数。给定一个紧致集 Ω_i，定义以下集合 Ω_{s_i}、$\Omega_i - \Omega_{s_i}$，即

$$\Omega_{s_i} = \{s_i \| s_i | > c_{s_i}, s_i + y_{\mathrm{r}} \in \Omega_i\}$$

$$\Omega_i - \Omega_{s_i} = \{s_i | s_i + y_{\mathrm{r}} \in \Omega_i, s_i \notin \Omega_{s_i}\}$$

在集合 Ω_i 上定义函数 $q_i(s_i, c_{s_i})$ 为

$$q_i(s_i, c_{s_i}) = \begin{cases} 1, & s_i \in \Omega_{s_i} \\ 0, & s_i \in \Omega_i - \Omega_{s_i} \end{cases} \tag{6.4}$$

式中：c_{s_i} 为任意小的正数，$s_i (1 \leqslant i \leqslant n)$ 定义在随后控制器设计中给出。以下分 n 步来设计控制器。

第一步：考虑式（6.3）中的第一个子系统，定义误差 $s_1 = x_1 - y_{\mathrm{r}}$，对其求导可得

$$\dot{s}_i = \dot{x}_1 - \dot{y}_{\mathrm{r}} = f_1(x_1, 0) + g_1(x_1, \lambda_1 x_2) x_2 + h_1(\bar{x}_2(t - \tau_1)) - \dot{y}_{\mathrm{r}} \tag{6.5}$$

定义函数 F_1 为（为了照顾闭环系统稳定性分析过程的完整性，函数 F_1 的定义过程在随后的稳定性分析中给出）

$$F_1 = f_1(x_1, 0) + \frac{h_{1m}^2(\bar{x}_2)}{s_1} \tag{6.6}$$

对函数 F_1 的逼近式要用于构造控制器，函数 $\dfrac{h_{1m}^2(\bar{x}_2)}{s_1}$ 中变量 s_1 作为分母，当 $s_1 = 0$ 或接近于零时该函数奇异，引起控制器的奇异。因此，函数 F_1 的逼近式不能用于构造控制器。为了避免控制器奇异的发生，需要进行以下设计，对函数 F_1 在线逼近时对该变量 s_1 进行讨论，过程如下。

定义紧致集 $\Omega_1 \in \mathbf{R}^2$，使得对于任意的 $(x_1, x_2) \in \Omega_1$，存在 $\boldsymbol{\theta}_1^{\mathrm{T}}$ 和 $\varepsilon_1(\bar{\boldsymbol{x}}_2)$ 满足

$$F_1 = f_1(x_1, 0) + \frac{h_{1m}^2(\bar{\boldsymbol{x}}_2)}{s_1} = q_1(s_1, c_{s_1})(\boldsymbol{\theta}_1^{\mathrm{T}}\boldsymbol{\xi}_1 + \varepsilon_1) \tag{6.7}$$

式中：$|\varepsilon_1(\bar{\boldsymbol{x}}_2)| \leqslant \varepsilon$，$\forall \varepsilon > 0$。

针对子式（6.5），选取虚拟控制律为

$$\boldsymbol{\alpha}_2 = q_1(s_1, c_{s_1})N(\zeta_1)(k_1 s_1 + \hat{\boldsymbol{\theta}}_1^{\mathrm{T}}\boldsymbol{\xi}_1 - \dot{y}_{\mathrm{r}}) \tag{6.8}$$

且

$$\dot{\zeta}_1 = q_1(s_1, c_{s_1})(k_1 s_1^2 + \hat{\boldsymbol{\theta}}_1^{\mathrm{T}}\boldsymbol{\xi}_1 s_1 - \dot{y}_{\mathrm{r}} s_1) \tag{6.9}$$

$\hat{\boldsymbol{\theta}}_1$ 为 $\boldsymbol{\theta}_1$ 的估计，它的自适应律为

$$\dot{\hat{\boldsymbol{\theta}}}_1 = q_1(s_1, c_{s_1})\boldsymbol{\Gamma}_1(\boldsymbol{\xi}_1 s_1 - \gamma\hat{\boldsymbol{\theta}}_1) \tag{6.10}$$

式中：$\boldsymbol{\Gamma}_1$ 为可设计常数矩阵，且 $\boldsymbol{\Gamma}_1 = \boldsymbol{\Gamma}_1^{\mathrm{T}} > 0$；$\gamma$ 为设计常数，且 $\gamma > 0$；k_1 为关于时间的变量，且 $k_1 > 0$，具体形式在随后的稳定性证明中给出。需要指出的是，在控制律 α_2 以及自适应律 $\hat{\boldsymbol{\theta}}_1$ 中均采用 q_1 函数，主要是为了避免控制器奇异情况的发生。

定义一个新的变量 z_2，虚拟控制律 α_2 通过时间常数为 β_2 的一阶滤波器得到 z_2，即

$$\beta_2 \dot{z}_2 + z_2 = \alpha_2, \quad z_2(0) = \alpha_2(0) \tag{6.11}$$

第 $i(2 \leqslant i \leqslant n-1)$ 步：对式（6.3）的第 $i(2 \leqslant i \leqslant n-1)$ 个系统进行研究，定义误差 $s_i = x_i - z_i$，对 s_i 求导，可以得到

$$\dot{s}_i = \dot{x}_i - \dot{z}_i = f_i(\bar{\boldsymbol{x}}_i, 0) + g_i(\bar{\boldsymbol{x}}_i, \lambda_i x_{i+1})x_{i+1} + h_i(\bar{\boldsymbol{x}}_{i+1}(t - \tau_i)) - \dot{z}_i \tag{6.12}$$

定义函数 F_i 为（为了照顾闭环系统稳定性分析过程的完整性，函数 F_i 的定义过程在随后的稳定性分析中给出）

$$F_i = f_i(\bar{\boldsymbol{x}}_i, 0) + \frac{h_{im}^2(\bar{\boldsymbol{x}}_{i+1})}{s_i} \tag{6.13}$$

如步骤 1，定义紧致集 $\Omega_i \in \mathbf{R}^{i+1}$，对于任意的 $\bar{\boldsymbol{x}}_{i+1} \in \Omega_i$，存在 $\boldsymbol{\theta}_i^{\mathrm{T}}$ 和 $\varepsilon_i(\bar{\boldsymbol{x}}_{i+1})$ 满足

$$F_i = f_i(\bar{\boldsymbol{x}}_i, 0) + \frac{h_{im}^2(\bar{\boldsymbol{x}}_{i+1})}{s_i} = q_i(s_i, c_{s_i})(\boldsymbol{\theta}_i^{\mathrm{T}}\boldsymbol{\xi}_i + \varepsilon_i) \tag{6.14}$$

式中：$|\varepsilon_i(\bar{\boldsymbol{x}}_{i+1})| \leqslant \varepsilon$，$\forall \varepsilon > 0$。

针对式（6.12），选取虚拟控制律为

$$\boldsymbol{\alpha}_{i+1} = q_i(s_i, c_{s_i})N(\zeta_i)(k_i s_i + \hat{\boldsymbol{\theta}}_i^{\mathrm{T}}\boldsymbol{\xi}_i - \dot{z}_i) \tag{6.15}$$

其中

$$\dot{\zeta}_i = q_i(s_i, c_{s_i})(k_i^* s_i^2 + \hat{\boldsymbol{\theta}}_i^{\mathrm{T}} \boldsymbol{\xi}_i s_i - \dot{z}_i s_i) \tag{6.16}$$

$\hat{\boldsymbol{\theta}}_i$ 为 $\boldsymbol{\theta}_i$ 的估计，它的自适应律为

$$\dot{\hat{\boldsymbol{\theta}}}_i = q_i(s_i, c_{s_i}) \boldsymbol{\Gamma}_i (s_i \boldsymbol{\xi}_i - \gamma \hat{\boldsymbol{\theta}}_i) \tag{6.17}$$

式中：$\boldsymbol{\Gamma}_i$ 为可调常数矩阵，且 $\boldsymbol{\Gamma}_i = \boldsymbol{\Gamma}_i^{\mathrm{T}} > 0$；$k_i$ 为关于时间的变量，且 $k_i > 0$，k_i 的具体形式在随后的稳定性分析中给出。

定义新的变量 z_{i+1}，虚拟控制律 α_{i+1} 通过时间常数为 β_{i+1} 的一阶滤波器得到 z_{i+1}，即

$$\beta_{i+1} \dot{z}_{i+1} + z_{i+1} = \alpha_{i+1},\ z_{i+1}(0) = \alpha_{i+1}(0) \tag{6.18}$$

第 n 步：考虑式（6.3）中的第 n 个子系统，定义误差 $s_n = x_n - z_n$，根据式（6.3），可以得到

$$\dot{s}_n = \dot{x}_n - \dot{z}_n = f_n(\overline{\boldsymbol{x}}_n, 0) + g_n(\overline{\boldsymbol{x}}_n, \lambda_n u) u + h_i(\overline{\boldsymbol{x}}_n(t - \tau_n)) - \dot{z}_n \tag{6.19}$$

定义函数 F_n 为（为了照顾稳定性分析过程的完整性，函数 F_n 的定义过程在随后的稳定性分析中给出）

$$F_n = f_n(\overline{\boldsymbol{x}}_n, 0) + \frac{h_{nm}^2(\overline{\boldsymbol{x}}_n)}{s_n} \tag{6.20}$$

如上述步骤，定义紧致集 $\Omega_n \in \mathbf{R}^n$，使得对于任意的 $\overline{\boldsymbol{x}}_n \in \Omega_n$，存在 $\boldsymbol{\theta}_n^{\mathrm{T}}$ 和 $\varepsilon_n(\overline{\boldsymbol{x}}_n)$ 满足

$$F_n = f_n(\overline{\boldsymbol{x}}_n, 0) + \frac{h_{nm}^2(\overline{\boldsymbol{x}}_n)}{s_n} = q_n(s_n, c_{s_n})(\boldsymbol{\theta}_n^{\mathrm{T}} \boldsymbol{\xi}_n + \varepsilon_n) \tag{6.21}$$

式中：$|\varepsilon_n(\overline{\boldsymbol{x}}_n)| \leqslant \varepsilon$，$\forall \varepsilon > 0$。

针对式（6.19）选取控制律为

$$u = q_n(s_n, c_{s_n}) N(\zeta_n)(k_n^* s_n + \hat{\boldsymbol{\theta}}_n^{\mathrm{T}} \boldsymbol{\xi}_n - \dot{z}_n) \tag{6.22}$$

且

$$\dot{\zeta}_n = q_n(s_n, c_{s_n})(k_n^* s_n^2 + \hat{\boldsymbol{\theta}}_n^{\mathrm{T}} \boldsymbol{\xi}_n s_n - \dot{z}_n s_n) \tag{6.23}$$

$\hat{\boldsymbol{\theta}}_n$ 为 $\boldsymbol{\theta}_n$ 的估计，它的自适应律为

$$\dot{\hat{\boldsymbol{\theta}}}_n = q_n(s_n, c_{s_n}) \boldsymbol{\Gamma}_n (s_n \boldsymbol{\xi}_n - \gamma \hat{\boldsymbol{\theta}}_n) \tag{6.24}$$

式中：$\boldsymbol{\Gamma}_n$ 为可调常数矩阵，且 $\boldsymbol{\Gamma}_n = \boldsymbol{\Gamma}_n^{\mathrm{T}} > 0$；$k_n$ 为关于时间的变量，且 $k_n > 0$，k_n 的具体形式在随后的稳定性分析中给出。

6.3.2 稳定性分析

定理6.1 考虑由满足假设6.1～假设6.4的纯反馈时滞式（6.3），虚拟控制律 $\alpha_{i+1}(i = 1,2,3,\cdots,n-2)$（式（6.8）和式（6.15））、控制律 u（式（6.22））、自

适应律 $\dot{\hat{\theta}}_1,\dot{\hat{\theta}}_2,\cdots,\dot{\hat{\theta}}_n$（式（6.10）、式（6.17）和式（6.24））以及 $\dot{\zeta}_i(i=1,2,3,\cdots,n)$（式（6.9）、式（6.16）和式（6.23））组成的闭环系统，若给定状态的初始值满足 $(x_1(0),x_2(0))\in\Omega_1$，$\bar{\boldsymbol{x}}_3(0)\in\Omega_2,\cdots,\bar{\boldsymbol{x}}_n(0)\in\Omega_n$，那么存在 γ、$\boldsymbol{\Gamma}_i(1\leqslant i\leqslant n)$ 以及

$$k_i=k_{i1}+k_{i2}\geqslant k_{i1}+\frac{1}{s_i^2}\int_{t-\tau_m}^{t}h_{im}^2(\bar{\boldsymbol{x}}_{i+1}(\sigma))\mathrm{d}\sigma\quad 1\leqslant i\leqslant n \tag{6.25}$$

使得闭环系统中的所有变量都一致最终有界。

证明：跟控制器设计过程一样，该证明分 n 步来完成。

第1步：考虑待定 Lyapunov 函数 V_1 为

$$V_1=\frac{1}{2}(s_1^2+\tilde{\theta}_1^{\mathrm{T}}\boldsymbol{\Gamma}_1^{-1}\tilde{\theta}_1+y_2^2)+\int_{t-\tau_m}^{t}h_{1m}^2(\bar{\boldsymbol{x}}_2(\sigma))\mathrm{d}\sigma \tag{6.26}$$

式中：$\tilde{\theta}_1=\hat{\theta}_1-\theta_1$，$y_2=z_2-\alpha_2$。

对式（6.26）求关于时间 t 的导数可得

$$\dot{V}_1=s_1\dot{s}_1+\tilde{\theta}_1^{\mathrm{T}}\boldsymbol{\Gamma}_1^{-1}\dot{\hat{\theta}}_1+y_2\dot{y}_2+h_{1m}^2(\bar{\boldsymbol{x}}_2(t))-h_{1m}^2(\bar{\boldsymbol{x}}_2(t-\tau_1)) \tag{6.27}$$

根据式（6.5）可得

$$\begin{aligned}\dot{V}_1=&s_1f_1(x_1,0)+s_1g_1(x_1,\lambda_1x_2)x_2+s_1h_1(\bar{\boldsymbol{x}}_2(t-\tau_1))-s_1\dot{y}_{\mathrm{r}}+\\&\tilde{\theta}_1^{\mathrm{T}}\boldsymbol{\Gamma}_1^{-1}\dot{\hat{\theta}}_1+y_2\dot{y}_2+h_{1m}^2(\bar{\boldsymbol{x}}_2(t))-h_{1m}^2(\bar{\boldsymbol{x}}_2(t-\tau_1))\end{aligned} \tag{6.28}$$

根据 Young 不等式 $ab\leqslant a^2+\dfrac{b^2}{4}$，可得

$$s_1h_1(\bar{\boldsymbol{x}}_2(t-\tau_1))\leqslant h_1^2(\bar{\boldsymbol{x}}_2(t-\tau_1))+\frac{s_1^2}{4} \tag{6.29}$$

将式（6.29）代入式（6.28），可得

$$\begin{aligned}\dot{V}_1\leqslant&s_1f_1(x_1,0)+s_1g_1(x_1,\lambda_1x_2)x_2+\frac{s_1^2}{4}-\\&s_1\dot{y}_{\mathrm{r}}+\tilde{\theta}_1^{\mathrm{T}}\boldsymbol{\Gamma}_1^{-1}\dot{\hat{\theta}}_1+y_2\dot{y}_2+h_{1m}^2(\bar{\boldsymbol{x}}_2(t))\end{aligned} \tag{6.30}$$

因为 $x_2=x_2-z_2+z_2-\boldsymbol{\alpha}_2+\boldsymbol{\alpha}_2=s_2+y_2+\boldsymbol{\alpha}_2$，式（6.30）可以转化为

$$\dot{V}_1\leqslant s_1F_1+s_1g_1(x_1,\lambda_1x_2)(s_2+y_2+\boldsymbol{\alpha}_2)+\frac{s_1^2}{4}-s_1\dot{y}_{\mathrm{r}}+\tilde{\theta}_1^{\mathrm{T}}\boldsymbol{\Gamma}_1^{-1}\dot{\hat{\theta}}_1+y_2\dot{y}_2 \tag{6.31}$$

将式（6.7）和式（6.8）代入式（6.31），可得

$$\begin{aligned}\dot{V}_1\leqslant&s_1(q_1(s_1,c_{s_1})(\theta_1^{\mathrm{T}}\xi_1+\varepsilon_1))+s_1s_2g_1(x_1,\lambda_1x_2)+s_1g_1(x_1,\lambda_1x_2)y_2+\\&\frac{s_1^2}{4}+s_1g_1(x_1,\lambda_1x_2)(q_1(s_1,c_{s_1})N(\zeta_1)[k_1s_1+\hat{\theta}_1^{\mathrm{T}}\xi_1-\dot{y}_{\mathrm{r}}])-\\&s_1\dot{y}_{\mathrm{r}}+\tilde{\theta}_1^{\mathrm{T}}\boldsymbol{\Gamma}_1^{-1}\dot{\hat{\theta}}_1+y_2\dot{y}_2\end{aligned} \tag{6.32}$$

对 $q_1(s_1,c_{s_1})$ 的取值分两种情况来进行讨论。

情况（1）：当$|s_1|\geqslant c_{s_1}$时，也就是$q_1(s_1,c_{s_1})=1$时，式（6.32）可以转化为

$$\begin{aligned}\dot{V}_1 \leqslant & s_1\theta_1^{\mathrm{T}}\xi_1+\varepsilon^2+s_2^2g_1^2(x_1,\lambda_1x_2)+g_1^2(x_1,\lambda_1x_2)y_2^2+s_1^2+\\ & g_1(x_1,\lambda_1x_2)N(\zeta_1)\dot{\zeta}_1-s_1\dot{y}_{\mathrm{r}}+\tilde{\theta}_1^{\mathrm{T}}\Gamma_1^{-1}\dot{\hat{\theta}}_1+y_2\dot{y}_2\end{aligned} \tag{6.33}$$

将式（6.33）右边加上$\dot{\zeta}_1$，为了保持不等式不变再减去$\dot{\zeta}_1$，并由于假设6.2有$|g_1(x_1,\lambda_1x_2)|\leqslant g_{\max}$，所以式（6.33）可以转化为

$$\begin{aligned}\dot{V}_1 \leqslant & -s_1\tilde{\theta}_1^{\mathrm{T}}\xi_1+\varepsilon^2+s_2^2g_{\max}^2+y_2^2g_{\max}^2-(k_1-1)s_1^2+\\ & [g_1(x_1,\lambda_1x_2)N(\zeta_1)+1]\dot{\zeta}_1+\tilde{\theta}_1^{\mathrm{T}}\Gamma_1^{-1}\dot{\hat{\theta}}_1+y_2\dot{y}_2\end{aligned} \tag{6.34}$$

由于$\dot{y}_2=\dot{z}_2+\dot{\alpha}_2=\dfrac{\alpha_2-z_2}{\beta_2}+\dot{\alpha}_2=-\dfrac{y_2}{\beta_2}+\dot{\alpha}_2$，又因为

$$\dot{\alpha}_2=q_1(s_1,\zeta_1)[\frac{\partial N(\zeta_2)}{\partial\zeta_2}\dot{\zeta}_2(k_1s_1+\hat{\theta}_i^{\mathrm{T}}-\dot{y}_{\mathrm{r}})+N(\zeta_2)(k_1\dot{s}_1+\dot{\hat{\theta}}_1^{\mathrm{T}}\xi_1+\dot{\hat{\theta}}_1^{\mathrm{T}}\dot{\xi}_1-\ddot{y}_{\mathrm{r}})]$$

由 $N(\zeta)=\zeta^2\cos\zeta$ 可知 $\dot{\alpha}_2$ 为连续函数，又因为 $\dot{y}_{\mathrm{r}}$、$\ddot{y}_{\mathrm{r}}$ 有界，且$(x_1,x_2)\in\Omega_1$，Ω_1为紧致集，所以$\dot{\alpha}_2$有界，假设$|\dot{\alpha}_2|\leqslant B_2$，其中$B_2$为一正常数。根据上述讨论，可得

$$y_2\dot{y}_2=-\frac{y_2^2}{\beta_2}+\dot{\alpha}_2y_2\leqslant(\frac{B_2^2}{2w}-\frac{1}{\beta_2})\ y_2^2+\frac{w}{2}\quad\forall w>0$$

$$\begin{aligned}\dot{V}_1 \leqslant & -(k_1-1)s_1^2+\varepsilon^2+s_2^2g_{\max}^2+y_2^2g_{\max}^2+[g_1(x_1,\lambda_1x_2)N(\zeta_1)+1]\dot{\zeta}_1+\\ & \tilde{\theta}_1^{\mathrm{T}}(\Gamma_1^{-1}\dot{\hat{\theta}}_1-s_1\xi_1)+\left(\frac{B_2^2}{2w}-\frac{1}{\beta_2}\right)y_2^2+\frac{w}{2}\end{aligned} \tag{6.35}$$

将自适应律式（6.10）代入式（6.35），有

$$\tilde{\theta}_1^{\mathrm{T}}(\Gamma_1^{-1}\dot{\hat{\theta}}_1-s_1\xi_1)=-\gamma\tilde{\theta}_1^{\mathrm{T}}\hat{\theta}_1 \tag{6.36}$$

由于$2\tilde{\theta}_1^{\mathrm{T}}\hat{\theta}_1\geqslant\|\tilde{\theta}\|^2-\|\theta_1\|^2$，有

$$-\gamma\tilde{\theta}_1^{\mathrm{T}}\hat{\theta}_1\leqslant-\frac{\gamma}{2}(\|\tilde{\theta}_1\|^2-\|\theta_1\|^2) \tag{6.37}$$

根据式（6.36）和式（6.37），式（6.35）可以转化为

$$\begin{aligned}\dot{V}_1 \leqslant & -(k_1-1)s_1^2+\varepsilon^2+s_2^2g_{\max}^2+[g_1(x_1,\lambda_1x_2)N(\zeta_1)+1]\dot{\zeta}_1-\\ & \frac{\gamma}{2\lambda_{\max}(\Gamma_1^{-1})}\tilde{\theta}_1^{\mathrm{T}}\Gamma_1^{-1}\tilde{\theta}_1+\frac{\gamma}{2}\|\theta_1\|^2+\left(g_{\max}^2+\frac{B_2^2}{2w}-\frac{1}{\beta_2}\right)y_2^2+\frac{w}{2}\end{aligned} \tag{6.38}$$

令 $k_1-1=k_{11}+k_{12}\geqslant k_{11}+b_1\int_{t-\tau_m}^{t}h_{1m}^2(\bar{x}_2(\sigma))\mathrm{d}\sigma$，式中：$k_{11}$为正常数，即$k_{11}>0$，常数$b_1>0$，需满足条件$b_1s_1^2\geqslant a_1$，且$a_1>0$，由此可知$k_{12}>0$。由于$\tau_1\leqslant3\tau_m$，可以得到

$$\int_{t-\tau_m}^{t}h_{1m}^2(\bar{x}_2(\sigma))\mathrm{d}\sigma\geqslant\int_{t-\tau_1}^{t}h_{1m}^2(\bar{x}_2(\sigma))\mathrm{d}\sigma$$

所以根据式（6.38），可得

$$\dot{V}_1 \leqslant -k_{11}s_1^2 - a_1\int_{t-\tau_1}^{t} h_{1m}^2(\bar{\boldsymbol{x}}_2(\sigma))\mathrm{d}\sigma + \varepsilon^2 + s_2^2 g_{\max}^2 + [g_1(x_1,\lambda_1 x_2)N(\zeta_1) + 1]\dot{\zeta}_1 - \frac{\gamma}{2\lambda_{\max}(\boldsymbol{\Gamma}_1^{-1})}\tilde{\boldsymbol{\theta}}_1^{\mathrm{T}}\boldsymbol{\Gamma}_1^{-1}\tilde{\boldsymbol{\theta}}_1 + \frac{\gamma}{2}\|\boldsymbol{\theta}_1\|^2 - \left(\frac{1}{\beta_2} - g_{\max}^2 - \frac{B_2^2}{2w}\right)y_2^2 + \frac{w}{2} \tag{6.39}$$

定义参数

$$\delta_1 = \min\{2k_{11}, 2a_1, \frac{\gamma}{\lambda_{\max}(\boldsymbol{\Gamma}_1^{-1})}, 2\times(\frac{1}{\beta_2} - g_{\max}^2 - \frac{B_2^2}{2w})\}$$

$$\eta_1 = \varepsilon^2 + \frac{\gamma}{2}\|\boldsymbol{\theta}_1\|^2 + \frac{w}{2}$$

因此式（6.39）可以写为

$$\dot{V}_1 \leqslant -\delta_1 V_1 + [g_1(x_1,\lambda_1 x_2)N(\zeta_1) + 1]\dot{\zeta}_1 + \eta_1 \tag{6.40}$$

式（6.40）左右两边同时乘以 $\mathrm{e}^{\delta_1 t}$，并在区间$[0,t]$上积分，可得

$$V_1(t) \leqslant \frac{\eta_1}{\delta_1} + V_1(0) + \mathrm{e}^{-\delta_1 t}\int_0^t [g_1(x_1,\lambda_1 x_2)N(\zeta_1) + 1]\dot{\zeta}_1 \mathrm{e}^{\delta_1 \sigma}\mathrm{d}\sigma + \mathrm{e}^{-\delta_1 t}\int_0^t g_{\max}^2 s_2^2 \mathrm{e}^{\delta_1 \sigma}\mathrm{d}\sigma \tag{6.41}$$

如果 $\mathrm{e}^{-\delta_1 t}\int_0^t g_{\max}^2 s_2^2 \mathrm{e}^{\delta_1 \sigma}\mathrm{d}\sigma$ 有界，那么根据引理 1.3 可知 $V_1(t)$、$\zeta_1(t)$、$\int_0^t g_1(x_1,\lambda_1 x_2)N(\zeta_1)\dot{\zeta}_1\mathrm{d}\sigma$ 在区间$[0,t_{\mathrm{f}}]$上有界，则

$$\mathrm{e}^{-\delta_1 t}\int_0^t g_{\max}^2 s_2^2 \mathrm{e}^{\delta_1 \sigma}\mathrm{d}\sigma \leqslant g_{\max}^2 \mathrm{e}^{-\delta_1 t}\sup_{t_1\in[0,t]} s_2^2(t_1)\int_0^t \mathrm{e}^{\delta_1 \sigma}\mathrm{d}\sigma \leqslant \frac{g_{\max}^2}{\delta_1}\sup_{t_1\in[0,t]} s_2^2(t_1) \tag{6.42}$$

根据式（6.42），如果知道 s_2 有界，就可以得到 $\mathrm{e}^{-\delta_1 t}\int_0^t g_{\max}^2 s_2^2 \mathrm{e}^{\delta_1 \sigma}\mathrm{d}\sigma$ 有界的结果，从而应用引理得到上述结果。

情况（2）：当$|s_1| < c_{s_1}$时，$q_1(s_1,c_{s_1}) = 0$。当 c_{s_1} 取值足够小时，可以知道 s_1 有界，且可以随着 c_{s_1} 的取值而趋向于无穷小，此时系统不需要控制，故取 $\alpha_2 = 0$。

第 i 步：第 i 步与第1步的证明过程相似，除下标差别外，符号表示的意义与第1步中完全相同，基本的证明思路一致，在此省略，给出结论如下。

待定 Lyapunov 函数选择如步骤1，为

$$V_i = \frac{1}{2}(s_i^2 + \tilde{\boldsymbol{\theta}}_i^{\mathrm{T}}\boldsymbol{\Gamma}_i^{-1}\tilde{\boldsymbol{\theta}}_i + y_{i+1}^2) + \int_{t-\tau_m}^{t} h_{im}^2(\bar{\boldsymbol{x}}_{i+1}(\sigma))\mathrm{d}\sigma$$

对 s_i 的值进行讨论，也就是 $q_i(s_i,c_{s_i})$ 的取值进行讨论，当 $q_i(s_i,c_{s_i}) = 1$ 时，得到

$$\dot{V}_i \leqslant -k_{i1}s_i^2 - a_i\int_{t-\tau_i}^{t} h_{im}^2(\bar{\boldsymbol{x}}_{i+1}\sigma)\mathrm{d}\sigma + \varepsilon^2 + s_i^2 g_{\max}^2 + [g_i(\bar{\boldsymbol{x}}_i, \lambda_1 x_{i+1})N(\zeta_i)+1]\dot{\zeta}_i - \frac{\gamma}{2\lambda_{\max}(\boldsymbol{\Gamma}_i^{-1})}\tilde{\theta}_i^{\mathrm{T}}\boldsymbol{\Gamma}_i^{-1}\tilde{\theta}_i + \frac{\gamma}{2}\|\theta_i\|^2 - \left(\frac{1}{\beta_{i+1}} - g_{\max}^2 - \frac{B_{i+1}^2}{2w}\right)y_{i+1}^2 + \frac{w}{2} \tag{6.43}$$

定义参数

$$\delta_i = \min\left\{2k_{i1}, 2a_i, \frac{\gamma}{\lambda_{\max}(\boldsymbol{\Gamma}_i^{-1})}, 2\times\left(\frac{1}{\beta_{i+1}} - g_{\max}^2 - \frac{B_{i+1}^2}{2w}\right)\right\}$$

$$\eta_i = \varepsilon^2 + \frac{\gamma}{2}\|\theta_i\|^2 + \frac{w}{2}$$

因此式（6.43）可以写为

$$\dot{V}_i \leqslant -\delta_i V_i + [g_i(\bar{\boldsymbol{x}}_i, \lambda_i x_{i+1})N(\zeta_i)+1]\dot{\zeta}_i + \eta_i \tag{6.44}$$

式（6.44）左右两边同时乘以 $\mathrm{e}^{\delta_i t}$，并在区间[0,t]上积分可得

$$V_i(t) \leqslant \frac{\eta_i}{\delta_i} + V_i(0) + \mathrm{e}^{-\delta_i t}\int_0^t [g_i(\bar{\boldsymbol{x}}_i, \lambda_i x_{i+1})N(\zeta_i)+1]\dot{\zeta}_i \mathrm{e}^{\delta_i\sigma}\mathrm{d}\sigma + \mathrm{e}^{-\delta_i t}\int_0^t g_{\max}^2 s_{i+1}^2 \mathrm{e}^{\delta_i\sigma}\mathrm{d}\sigma \tag{6.45}$$

如果 $\mathrm{e}^{-\delta_i t}\int_0^t g_{\max}^2 s_{i+1}^2 \mathrm{e}^{\delta_i\sigma}\mathrm{d}\sigma$ 有界，那么根据引理1.3可以知道 $V_i(t)$、$\zeta_i(t)$、$\int_0^t g_i(\bar{\boldsymbol{x}}_i, \lambda_i x_{i+1})N(\zeta_i)\dot{\zeta}_i\mathrm{d}\sigma$ 在区间 $[0,t_{\mathrm{f}}]$ 上有界。而

$$\mathrm{e}^{-\delta_i t}\int_0^t g_{\max}^2 s_{i+1}^2 \mathrm{e}^{\delta_i\sigma}\mathrm{d}\sigma \leqslant g_{\max}^2 \mathrm{e}^{-\delta_i t}\sup_{t_i\in[0,t]} s_{i+1}^2(t_i)\int_0^t \mathrm{e}^{\delta_i\sigma}\mathrm{d}\sigma \leqslant \frac{g_{\max}^2}{\delta_i}\sup_{t_i\in[0,t]} s_{i+1}^2(t_i) \tag{6.46}$$

根据式（6.46），如果知道 s_{i+1} 有界，就可以得到 $\mathrm{e}^{-\delta_i t}\int_0^t g_{\max}^2 s_{i+1}^2 \mathrm{e}^{\delta_i\sigma}\mathrm{d}\sigma$ 有界的结论，从而应用引理1.3可以得到如步骤1中的结论。

当 $|s_i| < c_{s_i}$ 时，$q_i(s_i, c_{s_i}) = 0$。当 c_{s_i} 取值足够小时，可以知道 s_i 有界，且可以随着 c_{s_i} 的取值减小而趋向于无穷小，此时系统不需要控制，故取 $\alpha_{i+1} = 0$。

第 n 步：定义 Lyapunov 函数为

$$V_n = \frac{1}{2}(s_n^2 + \tilde{\theta}_n^{\mathrm{T}}\boldsymbol{\Gamma}_n^{-1}\tilde{\theta}_n) + \int_{t-\tau_m}^{t} h_{nm}^2(\bar{\boldsymbol{x}}_n(\sigma))\mathrm{d}\sigma \tag{6.47}$$

式中：$\tilde{\theta}_n = \hat{\theta}_n - \theta_n$。

对式（6.47）求关于时间 t 的导数，可得

$$\dot{V}_n = s_n\dot{s}_n + \tilde{\theta}_1^{\mathrm{T}}\boldsymbol{\Gamma}_1^{-1}\dot{\hat{\theta}}_1 + h_{nm}^2(\bar{\boldsymbol{x}}_n(t)) - h_{nm}^2(\bar{\boldsymbol{x}}_n(t-\tau_n)) \tag{6.48}$$

根据（6.19），可得

$$\begin{aligned}\dot{V}_n &= s_n f_n(\bar{\boldsymbol{x}}_n,0)+s_n g_n(\bar{\boldsymbol{x}}_n,\lambda_n u)u+s_n h_n(\bar{\boldsymbol{x}}_n(t-\tau_n))-s_n\dot{z}_n+\\&\quad\tilde{\theta}_1^{\mathrm{T}}\boldsymbol{\Gamma}_1^{-1}\dot{\hat{\theta}}_1+h_{nm}^2(\bar{\boldsymbol{x}}_n(t))-h_{nm}^2(\bar{\boldsymbol{x}}_n(t-\tau_n))\end{aligned}\tag{6.49}$$

根据 Young 不等式 $ab\leqslant a^2+\dfrac{b^2}{4}$，可得

$$s_n h_n(\bar{\boldsymbol{x}}_n(t-\tau_n))\leqslant h_n^2(\bar{\boldsymbol{x}}_n(t-\tau_n))+\frac{s_n^2}{4}\tag{6.50}$$

将式（6.50）代入式（6.49），可得

$$\begin{aligned}\dot{V}_n &\leqslant s_n f_n(\bar{\boldsymbol{x}}_n,0)+s_n g_n(\bar{\boldsymbol{x}}_n,\lambda_n u)u+\frac{s_n^2}{4}-\\&\quad s_n\dot{z}_n+\tilde{\theta}_n^{\mathrm{T}}\boldsymbol{\Gamma}_n^{-1}\dot{\hat{\theta}}_n+h_{nm}^2(\bar{\boldsymbol{x}}_n(t))\end{aligned}\tag{6.51}$$

将式（6.21）和式（6.22）代入式（6.51），可得

$$\begin{aligned}\dot{V}_n &\leqslant s_n(q_n(s_n,c_{s_n})(\theta_n^{\mathrm{T}}\xi_n+\varepsilon_n))+s_n g_n(\bar{\boldsymbol{x}}_n,\lambda_n u)(q_n(s_n,c_{s_n})N(\zeta_n)[k_n s_n+\\&\quad\hat{\theta}_n^{\mathrm{T}}\xi_n-\dot{z}_n])-s_n\dot{z}_n+\tilde{\theta}_n^{\mathrm{T}}\boldsymbol{\Gamma}_n^{-1}\dot{\hat{\theta}}_n\end{aligned}\tag{6.52}$$

对 s_n 的值进行讨论，即对 $q_n(s_n,c_{s_n})$ 的取值分两种情况来进行讨论。

情况（1）：当 $|s_n|\geqslant c_{s_n}$ 时，也就是当 $q_n(s_n,c_{s_n})=1$ 时，式（6.52）可以转化为

$$\dot{V}_n\leqslant s_n\theta_n^{\mathrm{T}}\xi_n+\varepsilon^2+\frac{s_n^2}{4}+g_n(\bar{\boldsymbol{x}}_n,\lambda_1 u)N(\zeta_n)\dot{\zeta}_n-s_n\dot{z}_n+\tilde{\theta}_n^{\mathrm{T}}\boldsymbol{\Gamma}_n^{-1}\dot{\hat{\theta}}_n\tag{6.53}$$

将式（6.53）右边加上 $\dot{\zeta}_n$，为了保持不等式不变再减去 $\dot{\zeta}_n$，并由于假设 6.2有 $|g_n(x_n,\lambda_n u)|\leqslant g_{\max}$，式（6.53）可以转化为

$$\dot{V}_n\leqslant -s_n\tilde{\theta}_n^{\mathrm{T}}\xi_n+\varepsilon^2-(k_n-\frac{1}{4})s_n^2+[g_n(\bar{\boldsymbol{x}}_n,\lambda_n u)N(\zeta_n)+1]\dot{\zeta}_n+\tilde{\theta}_n^{\mathrm{T}}\boldsymbol{\Gamma}_n^{-1}\dot{\hat{\theta}}_n\tag{6.54}$$

将式（6.24）代入式（6.54）有

$$\tilde{\theta}_n^{\mathrm{T}}(\boldsymbol{\Gamma}_n^{-1}\dot{\hat{\theta}}_n-s_n\xi_n)=-\gamma\tilde{\theta}_n^{\mathrm{T}}\hat{\theta}_n\tag{6.55}$$

又由于 $2\tilde{\theta}_n^{\mathrm{T}}\hat{\theta}_n\geqslant\|\tilde{\theta}_n\|^2-\|\theta_n\|^2$，所以有

$$-\gamma\tilde{\theta}_n^{\mathrm{T}}\hat{\theta}_n\leqslant-\frac{\gamma}{2}(\|\tilde{\theta}_n\|^2-\|\theta_n\|^2)\tag{6.56}$$

根据式（6.55）和式（6.56），式（6.54）可以转化为

$$\dot{V}_n\leqslant-(k_n-\frac{1}{4})s_n^2+\varepsilon^2+[g_n(\bar{\boldsymbol{x}}_n,\lambda_n u)N(\zeta_n)+1]\dot{\zeta}_n-\frac{\gamma}{2}(\|\tilde{\theta}_n\|^2-\|\theta_n\|^2)\tag{6.57}$$

令 $k_n-\dfrac{1}{4}=k_{n1}+k_{n2}\geqslant k_{n1}+b_n\displaystyle\int_{t-\tau_m}^{t}h_{nm}^2(\bar{\boldsymbol{x}}_n(\sigma))\mathrm{d}\sigma$，其中，$k_{n1}>0$，常数 $b_n>0$，需满足条件 $b_n s_n^2\geqslant a_n$，且 $a_n>0$，由此可知，$k_{n2}>0$。由于 $\tau_n\leqslant\tau_m$，可得

$$\int_{t-\tau_m}^{t} h_{nm}^2(\bar{\boldsymbol{x}}_n(\sigma))\mathrm{d}\sigma \geqslant \int_{t-\tau_n}^{t} h_{nm}^2(\bar{\boldsymbol{x}}_n(\sigma))\mathrm{d}\sigma$$

所以，根据式（6.57），可得

$$\dot{V}_n \leqslant -k_{n1}s_1^2 - a_1\int_{t-\tau_n}^{t} h_{nm}^2(\bar{\boldsymbol{x}}_n(\sigma))\mathrm{d}\sigma + \varepsilon^2 + [g_n(\bar{\boldsymbol{x}}_n,\lambda_n u)N(\zeta_n)+1]\dot{\zeta}_n - \frac{\gamma}{2\lambda_{\max}(\boldsymbol{\Gamma}_n^{-1})}\tilde{\boldsymbol{\theta}}_n^{\mathrm{T}}\boldsymbol{\Gamma}_n^{-1}\tilde{\boldsymbol{\theta}}_n + \frac{\gamma}{2}\|\boldsymbol{\theta}_n\|^2 \tag{6.58}$$

定义参数δ_n、η_n为

$$\delta_n = \min\{2k_{n1}, 2a_n, \frac{\gamma}{\lambda_{\max}(\boldsymbol{\Gamma}_n^{-1})}\}$$

$$\eta_n = \varepsilon^2 + \frac{\gamma}{2}\|\boldsymbol{\theta}_n{}^2\|$$

因此式（6.58）可以写为

$$\dot{V}_n \leqslant -\delta_n V_n + [g_n(\bar{\boldsymbol{x}}_n,\lambda_n u)N(\zeta_n)+1]\dot{\zeta}_n + \eta_n \tag{6.59}$$

式（6.59）左右两边同乘以$\mathrm{e}^{\delta_n t}$，并在区间$[0,t]$上积分，可得

$$V_n(t) \leqslant \frac{\eta_n}{\delta_n} + V_n(0) + \mathrm{e}^{-\delta_n t}\int_0^t [g_n(\bar{\boldsymbol{x}}_n,\lambda_n u)N(\zeta_n)+1]\dot{\zeta}_n \mathrm{e}^{\delta_n \sigma}\mathrm{d}\sigma \tag{6.60}$$

情况（2）：当$|s_n|<c_{s_n}$时，$q_n(s_n,c_{s_n})=0$。当c_{s_n}取值足够小时，知道s_n有界，且可以随着c_{s_n}的取值逐渐减小而趋向于无穷小，此时系统不需要控制，故取$u=0$。

根据引理1.3可以知道$V_n(t)$、$\zeta_n(t)$、$\int_0^t g_n(\bar{\boldsymbol{x}}_n,\lambda_n u)N(\zeta_n)\dot{\zeta}_n\mathrm{d}\sigma$在区间$[0,t_{\mathrm{f}}]$上有界。又因为$s_n^2<V_n$，所以$s_n$有界，根据第$n-1$步得到的结果，由$s_n$有界可以知道$V_{n-1}(t)$、$\zeta_{n-1}(t)$、$\int_0^t g_{n-1}(\bar{\boldsymbol{x}}_{n-1},\lambda_{n-1}x_n)N(\zeta_{n-1})\dot{\zeta}_{n-1}\mathrm{d}\sigma$有界，又因为$s_{n-1}^2<V_{n-1}$，所以可以得到$s_{n-1}$有界的结果，如此反复，则可以得到$s_{n-1},s_{n-2},\cdots,s_1$，$\zeta_{n-1},\zeta_{n-2},\cdots,\zeta_1$以及由控制律与自适应律和原系统组成的闭环系统中的所有信号都有界，根据学者 Ryan E P 等的相关文献可知，当闭环系统中的变量有界时，$t_{\mathrm{f}}\to\infty$，因此，闭环系统一致最终有界。

用另一种方法，也可以得到同样的结果。由于$\zeta_n(t)$有界，根据引理3.1（Barblat 引理）可以知道，当$t\to\infty$时，$\dot{\zeta}_n(t)\to 0$，即存在T以及某个$A>0$，当$t\geqslant T$时，有$[g_n(\bar{\boldsymbol{x}}_n,\lambda_n u)N(\zeta_n)+1]\dot{\zeta}_n\leqslant A$，根据式（6.59），可知

$$\dot{V}_n \leqslant -\delta_n V_n + A + \eta_n \tag{6.61}$$

所以，当$V_n\geqslant\frac{A+\eta_n}{\delta_n}$时，可以得到$\dot{V}_n\leqslant 0$，也就是说，只要$V_n\geqslant\frac{A+\eta_n}{\delta_n}$，就可以得到：当$s_n$、$\tilde{\boldsymbol{\theta}}_n$初始值开始于该集合的轨迹不会离开该集合，即$s_n$、$\tilde{\boldsymbol{\theta}}_n$

有界。根据式（6.40）和式（6.44）可以得到同样的结果，即 s_i、$\tilde{\theta}_i$ 一致最终有界。

注6.1　近年来，研究非仿射纯反馈系统文章比较多，如学者侯增广、杜红彬、王丹等对不包含时滞情况下的非仿射纯反馈系统的控制问题进行了研究；学者任贝贝等考虑了含有输入滞后情况下的非仿射纯反馈系统的控制问题；学者刘艳军等考虑了时滞存在情况下的非仿射纯反馈系统的控制问题，该文献中所考虑的系统形式为

$$\begin{cases}\dot{x}_i = f_i(\bar{\boldsymbol{x}}_i(t-\tau_i), x_{i+1}) & 1 \leqslant i \leqslant n-1 \\ \dot{x}_n = f_n(\bar{\boldsymbol{x}}_n(t-\tau_n), u) \\ y = x_1\end{cases}$$

可以看出，该系统与本书所考虑的系统有较大区别。另外，学者王敏等也对时滞非仿射纯反馈系统的跟踪控制进行了研究，在其控制器设计过程中，需要假设转换后仿射系统的控制增益 $g_i(\cdot)$ 的符号已知。本章内容主要在以上学者的研究基础上，考虑了非仿射纯反馈时滞系统的跟踪控制问题，应用 Nussbaum 控制增益技术后不需要知道转换后的输入仿射系统的控制增益符号，动态面控制器设计方法用来解决后推算法带来的控制器复杂程度爆炸性增长问题和控制项的循环构造问题。

6.4　仿真验证

为了说明所设计的控制设计方案的有效性，本小节给出一个仿真试验。考虑以下系统，即

$$\begin{cases}\dot{x}_1 = f_1(x_1, x_2) + h_1(x_1(t-\tau_1), x_2(t-\tau_1)) \\ \dot{x}_2 = f_2(x_1, x_2, u) + h_2(x_1(t-\tau_2), x_2(t-\tau_2)) \\ y = x_1\end{cases}$$

为了仿真验证，给出系统中的函数，即

$$\begin{cases}f_1(x_1, x_2) = (1 + x_1^2)x_2 + x_1 \mathrm{e}^{-x_2} \\ f_2(x_1, x_2, u) = \cos(x_1 x_2) + x_1 x_2^2 + u + \sin u \\ h_1(x_1) = 2x_1^2 \sin x_2 \\ h_2(x_1, x_2) = \sin(x_1 x_2)\end{cases}$$

参考信号为 $y_\mathrm{r} = \sin t$。选择函数 $h_{1m}(\cdot) = 2x_1^2$、$h_{2m}(\cdot) = 1$ 分别为函数 h_1、h_2 的界，给定时滞 $\tau_1 = \tau_2 = 1$，时滞上界 $\tau_m = 2$。这样函数上界的选择与时滞上界的选择满足假设6.3。状态变量的初始值都设置为0.4，参数 θ_1、θ_2 的初始值设置为 $\theta_1(0) = 0.1$、$\theta_2(0) = 0.4$。变量 ζ_1、ζ_2 的初始值设置为 $\zeta_1 = 1.5$、$\zeta_2 = 0.4$，

z_2的初始值设置为0，控制器参数选择为$k_1=20$，$k_2=300$，$\boldsymbol{\Gamma}_1=\boldsymbol{\Gamma}_2=0.0002\boldsymbol{I}$，$\gamma=0.001$，$c_{e_1}=0.001$（$i=1,2$）。

仿真结果如图6.1～图6.7所示。图6.1所示为包含未知时滞纯反馈系统的控制输入曲线。曲线中存在毛刺现象主要是因为当系统状态较小时，控制器输出为0，于是系统无控制，存在突然变大的情况，于是导致控制输入突然增大；图6.2所示为包含未知时滞纯反馈系统的跟踪误差曲线，在系统达到稳态后该曲

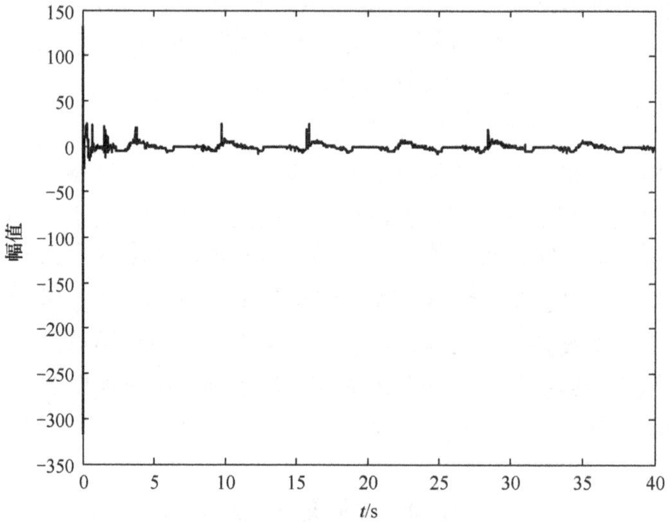

图 6.1　包含未知时滞纯反馈系统的控制输入曲线

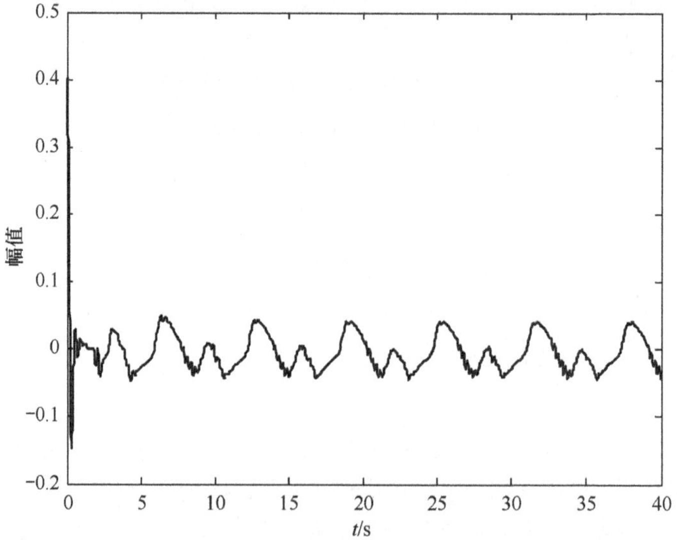

图 6.2　包含未知时滞纯反馈系统的跟踪误差曲线

线的最大幅值约为0.043，通过参数的调节，该幅值还可以减小，但控制输入会变大；图6.3所示为包含未知时滞纯反馈闭环系统的输出曲线（虚线）与参考信号曲线（实线），由图中可以清楚看到系统输出可以以一定的精度跟踪参考信号；图6.4所示为包含未知时滞纯反馈闭环系统的 s_2 曲线。其幅值大小约为0.047；由于前文中得到 ζ_1、ζ_2 有界的结果，所以图6.5与图6.6给出了这两个变量的曲线，从中可以看出，ζ_1、ζ_2 有界，而 ζ_1 存在不收敛的趋势，但经过加大时间后的仿真，如将仿真时间扩大为600s，ζ_1 曲线幅值无太大变化，如图6.7所示。

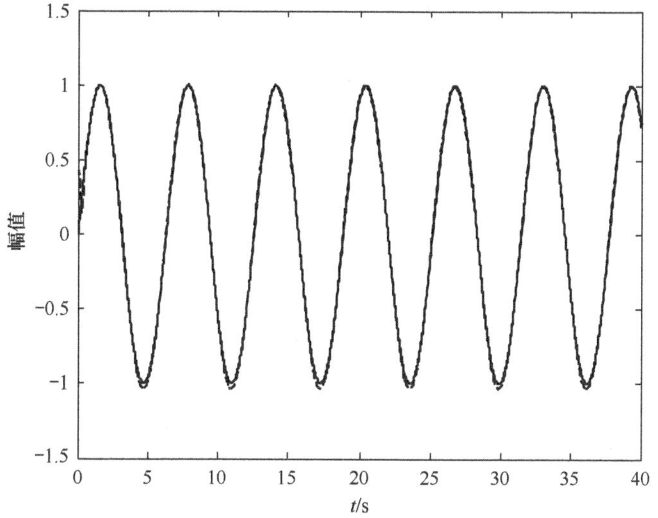

图 6.3　包含未知时滞纯反馈闭环系统的输出曲线（虚线）与参考信号曲线（实线）

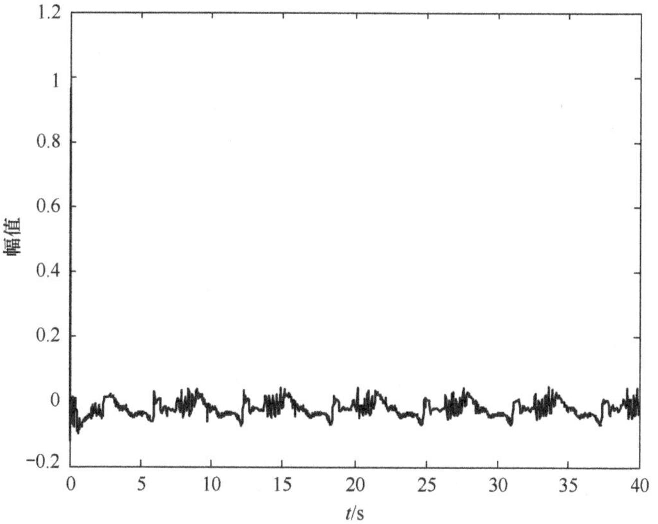

图 6.4　包含未知时滞纯反馈闭环系统的 s_2 曲线

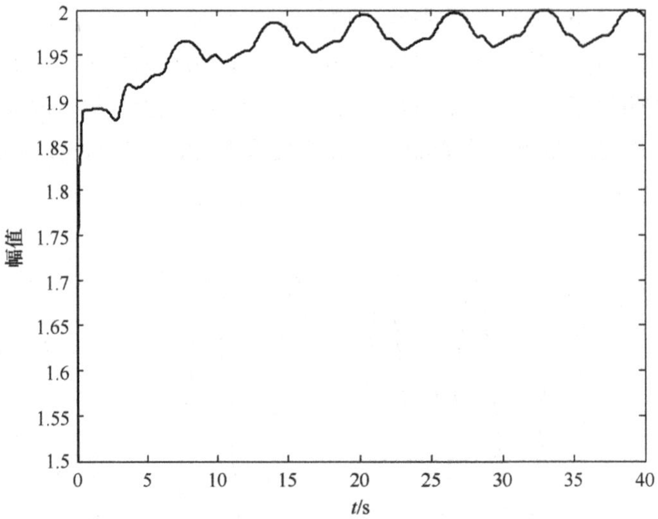

图 6.5　包含未知时滞纯反馈闭环系统的 ζ_1 曲线

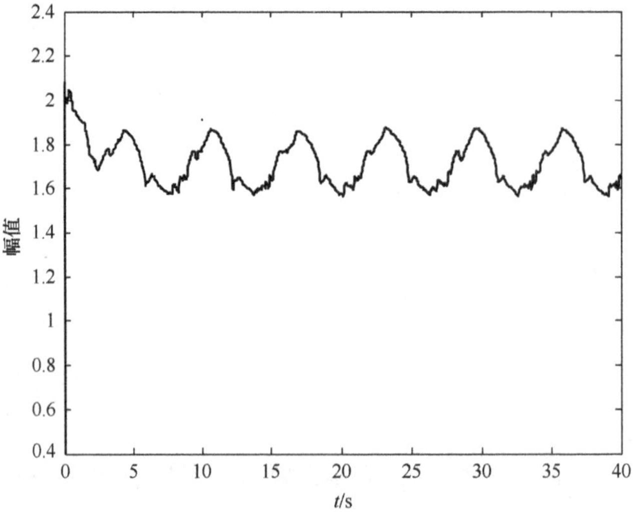

图 6.6　包含未知时滞纯反馈闭环系统的 ζ_2 曲线

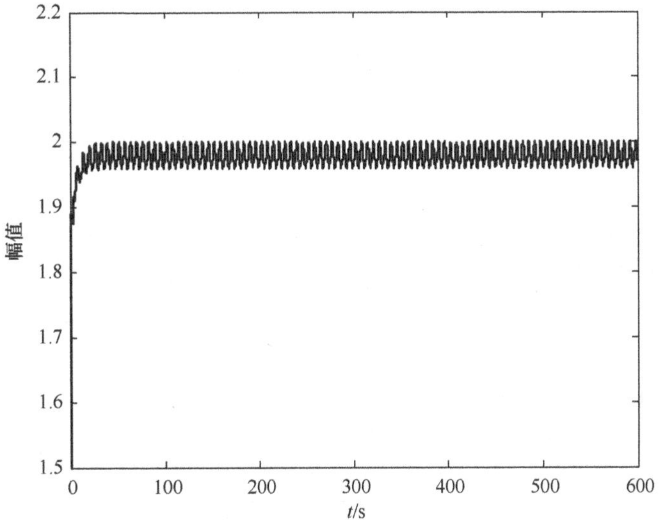

图 6.7　包含未知时滞纯反馈闭环系统的 ζ_1 曲线（600s 运行情况）

6.5　小结

本章主要给出了非仿射纯反馈时滞系统的跟踪控制器设计方法。首先通过 Lagrange 中值定理，将非仿射系统变化为仿射系统，然后对系统进行控制器设计。为了减少系统需要满足的条件，本章采用了 Nussbaum 控制增益技术，DSC 设计方法用来避免后推算法导致的控制器复杂程度爆炸性增长问题以及控制器循环构造问题。基于 Lyapunov 稳定性理论的分析表明，设计的控制器和原系统组成的闭环系统是一致最终有界的。为了说明本章所给控制设计方法的有效性，最后给出了仿真试验。

参考文献

[1] 丁永生, 应浩, 邵世煌. 模糊系统逼近理论: 现状与展望[J]. 信息与控制, 2004, 29(2): 157-163.

[2] 刘慧林, 冯汝鹏, 胡瑞栋, 等. 模糊系统作为通用逼近器的 10 年历程[J]. 控制与决策, 2004, 19(4): 367-371.

[3] 刘福才, 陈超, 邵慧, 等. 模糊系统万能逼近理论研究综述[J]. 智能系统学报, 2007, 2(1): 25-34.

[4] 王立新. 模糊系统与模糊控制教程[M]. 王迎军, 译. 清华大学出版社, 2003.

[5] 李弼程, 罗建书. 小波分析及其应用[M]. 北京:电子工业出版社, 2003.

[6] 樊启斌. 小波分析[M]. 武汉：武汉大学出版社，2008.

[7] 刘涛, 曾祥利, 曾军, 等. 实用小波分析入门[M]. 北京：国防工业出版社, 2006.

[8] 王立新. 模糊系统：挑战与机遇并存——十年研究之感悟[J]. 自动化学报, 2001, 27(4): 585-590.

[9] 杜红彬, 余昭旭. 一类仿射非线性系统的自适应神经网络输出反馈变结构控制[J]. 控制理论与应用, 2008, 25(6): 1042-1044.

[10] Khalil H K. Adaptive Output Feedback Control of Nonlinear Systems Represented by Input-Output Models[J]. IEEE Transactions on Automatic Control, 1996, 41(2): 177-188.

[11] Aloliwi B, Khalil H K. Robust Adaptive Output-Feedback Control of Nonlinear Systems Without Persistence of Excitation[J]. Automatica, 1997, 33(11): 2025-2032.

[12] Liu Y, Li X Y. Robust Adaptive Control of Nonlinear Systems with Un-Modelled Dynamics[J]. Proc. Inst. Electr. Eng. Contr. Theory Appl., 2004, 151(1): 83-88.

[13] Wang D, Huang J, Lan W et al. Neural Network Based Robust Adaptive Control for A Class of Nonlinear Systems Represented by Input-Output Models[J]. Mathematics and Computers in Simulation, 2009, 79(5): 1745-1753.

[14] Seshagiri S, Khalil H K. Output Feedback Control of Nonlinear Systems Using RBF Neural Networks[J]. IEEE Transactions on Neural Network, 2000, 11(1): 69-79.

[15] Da F, Fei S, Dai X. Sliding Mode Adaptive Output Feedback Control of Nonlinear Systems Using Neural Networks[C]. American Control Conference, Portland, 2005: 1721-1726.

[16] Wang D, Lan W. Adaptive Neural Control for a Class of Uncertain Nonlinear Systems with Unknow Time Delay[J]. International Journal of Robust and Nonlinear Control, 2009, 19(7): 807-821.

[17] Wang C, Hill D J, Ge S S, et al. An ISS-Modular Approach for Adaptive Neural Control of Pure-feedback Systems[J]. Automatica, 2006, 42(5): 723-731.

[18] Zou A M, Hou Z G, Tan M. Adaptive Control of a Class of Nonlinear Pure-Feedback Systems Using Fuzzy Backstepping Approach[J]. IEEE Transactions on Fuzzy Systems, 2008, 16(4): 886-897.

[19] 王敏. 非线性系统的自适应神经网络控制新方法研究[D]. 青岛：青岛大学，2009 年.

[20] Wang D, Huang J. Neural Network-Based Adaptive Dynamic Surface Control for a Class of Uncertain Nonlinear Systems in Strict-Feedback Form[J]. IEEE Transactions on Neural Networks, 2005, 16(1): 195-202.

[21] Wang D, Peng Z, Li T, et al. Adaptive Dynamic Surface Control for A Class of Uncertain Nonlinear Systems in Pure-Feedback Form[C]. 48th IEEE Conference on Decision and Control and 28th Chinese Control Conference, Shanghai, P.R. China, 2009: 1956-1961.

[22] Huang J T. Hybrid-Based Adaptive NN Backstepping Control of Strict-Feedback Systems[J]. Automatica, 2009, 45(6): 1497-1503.

[23] Nussbaum R D. Some Remark on the Conjecture in Parameter Adaptive Control[J]. Systems Control Letter, 1983, 3: 243-246.

[24] Ge S S, F H, Lee T H. Adaptive Neural Control of Nonlinear Time-delay Systems with Unknown Virtual Control Coefficients[J]. IEEE Transactions on Systems, man, and Cybernetics-Part B: Cybernetics, 2004, 34(1): 499-516.

[25] Liu L, Huang J. Global Stabilization of Lower Triangular Systems with Dynamic Uncertainties Without Knowing the Control Direction[J]. Proceedings of the 2007 American Control Conference, New York, 2007: 5372-5377.

[26] Slotine J E, Li W P. Applied Nonlinear Control[M]. Englewood Cliffs, NJ: Prentice-Hall, 1991.

[27] Ryan E P. A Universal Adaptive Stabilizer for a Class of Nonlinear System[J]. System Control Letter, 1991, 16(3): 209-218.

[28] Liu Y, Li X. Robust Adaptive Control of Nonlinear Systems Represented by Input-Output Models[J]. IEEE Transactions on Automatic Control, 2003, 48(6): 1041-1045.

[29] Su R, Hunt L R. A Canonical Expansion for Nonlinear Systems[J]. IEEE Transactions on Automatic Control, 1986, 31(7): 670-673.

[30] Nam K, Arapostathis A. A Model Reference Adaptive Control Scheme for Pure-Feedback Nonlinear Systems[J]. IEEE Transactions on Automatic Control, 1988, 33(9): 803-811.

[31] Kanellakopoulos I, Kokotovic P V, orsStephen Me A. Systematic Design of Adaptive Controller for Feedback Linearizable Systems[J]. IEEE Transactions on Automatic Control, 1991, 36(11): 1241-1253.

[32] Ge S S, Yang C, Lee T H. Adaptive Predictive Using Neural Network for a Class of Pure-Feedback Systems in Discrete Time[J]. IEEE Transactions on Neural Networks, 2008, 19(8): 1599-1613.

[33] Wang D, Huang J. Adaptive Neural Network Control for a Class of Uncertain Nonlinear Systems in Pure-Feedback Form[J]. Automatica, 2002, 38(8): 1365-1372.

[34] Ge S S, Wang C. Adaptive NN Control of Uncertain Nonlinear Pure-Feedback Systems[J]. Automatica, 2002, 38(4): 671-682.

[35] Hou Z G, Zou A M, Wu F X, et al. Adaptive Dynamic Surface Control of a Class of Uncertain Nonlinear Systems in Pure-Feedback Form Using Fuzzy Backstepping Approach[C]. 4th IEEE Conference on Automation Science and Engineering, Washington DC, USA, 2008: 821-826.

[36] Yesildirek A, Lewis F L. Feedback linearization Using Neural Networks[J]. Automatica, 1995, 31(11): 1659-1664.

[37] Wang D, Lan W. Adaptive Neural Control for a Class of Uncertain Nonlinear Systems with Unknow Time Delay[J]. International Journal of Robust and Nonlinear Control, 2009, 19(7): 807-821.

[38] Ren B, Ge S S, Su C Y, et al. Adaptive Neural Control for a Class of Uncertain Nonlinear Systems in Pure-Feedback Form with Hysteresis Input[J]. IEEE Transactions on Systems, Man and Cybernetics-Part B: Cybernetics, 2009, 39(2): 431-443.

[39] Park J H, Moon C J, Kim S H, et al. Adaptive Neural Control for Pure-Feedback Nonlinear Systems[C]. IEEE International Conference on Industrial Technology, Mumbai, India, 2006: 1132-1136.